打造功能齐备的家
图解住宅户型动线设计

筑美设计　编

中国电力出版社
CHINA ELECTRIC POWER PRESS

内 容 提 要

本书以动线规划为主线，全面介绍何为动线、动线规划的要点、动线规划的顺序等系列知识，帮助设计师与装修消费者对住宅进行量身定制的动线规划，打造一个温馨、舒适的空间。在本书中还穿插带有动线识别攻略，能够帮助读者正确选择适合自己的户型。本书内容实用、深入浅出、措辞严谨，是需要对房屋进行装修或改造的装修消费者的首选读本，同时本书也是住宅设计师、绘图员、二手房销售人员的必要参考资料。

图书在版编目（CIP）数据

打造功能齐备的家：图解住宅户型动线设计 / 筑美设计编 . — 北京：
中国电力出版社，2020.11
 ISBN 978-7-5198-4806-4

Ⅰ . ①打… Ⅱ . ①筑… Ⅲ . ①室内装饰设计 Ⅳ . ① TU238.2

中国版本图书馆 CIP 数据核字（2020）第 130373 号

出版发行：中国电力出版社
地　　　址：北京市东城区北京站西街 19 号（邮政编码 100005）
网　　　址：http://www.cepp.sgcc.com.cn
责任编辑：乐　苑　（010-63412380）
责任校对：黄　蓓　王小鹏
装帧设计：唯佳文化
责任印制：杨晓东

印　　　刷：北京瑞禾彩色印刷有限公司
版　　　次：2020 年 11 月第一版
印　　　次：2020 年 11 月北京第一次印刷
开　　　本：710 毫米 ×1000 毫米　16 开本
印　　　张：12
字　　　数：217 千字
定　　　价：68.00 元

前　言 >>>

　　如今的社会中因为资源共享、多媒体设备普及、行动装置的便捷等，人们也逐渐打破了原有的对于空间的定义。空间与住所，在现在人们的生活中已经不仅仅再局限于传统家庭的功能性范畴了，而是有了更多的要求与选择。这就需要我们重新对家进行合理的规划，使家庭动线规划更优化。

　　一个家是否好用，入住是否舒适，在设计师画平面布置图的时候就已经决定了。一个平面布置图是否优秀，取决于被人们忽略的动线。影响动线的因素数不胜数，例如一面墙的位置、门的开关、空间的配置、异形空间的切割划分、家具的选择，以至于空间与空间如何连接，这些因素从无形到有形都决定着一个家庭动线的好坏。

　　大多数人都会认为动线的规划对于住宅户型来说是不用太在意的，毕竟现代主流住宅的面积不大，走不了几步路，没必要浪费精力去规划动线，只有大平层或者别墅才需要做专门的动线规划。其实这种想法是完全错误的，大平层或者别墅毋庸置疑是需要设计师将动线规划到最优，使空间宽敞而不过于空旷。但是主流户型的动线规划也是不可或缺的，住宅户型的动线规划不仅仅是为了让人能够通行更便捷，还有一个重要原因就是合理的动线规划能够使住宅户型的每一寸面积都得到合理的利用，使家庭空间更温馨、舒适。

　　目前，市场上关于室内设计、户型改造以及软装配饰的资料种类繁多，数不胜数，但是关于室内动线设计规划方面的书籍却非常稀少，本书的出现可以说是解决了消费者对室内动线规划认知的盲点。本书结合了以往优秀书籍的优点，书中主要以图片为主，不仅有优秀的效果图，还有清晰明朗的CAD图纸，再配以文字说明，对于动线的规划进行了详细的讲解。本书图文并茂，趣味十足，不仅不会使人感觉到乏味，所选择的配图色彩鲜明，具有一定的观赏性，而且文中还配有改造小贴士，能够帮助读者更好地阅读。本书中设计图片由业界同行、同事、学生无私提供，经过严格筛选以后才与读者见面，在此表示衷心的感谢，希望能起到实质性的参考作用。

编者

2020年5月

目 录 ·· >>>

第 1 章

图解动线划重点　一看就懂

由于房价的不断上涨，加上手里的资金有限，可能大部分人奋斗一辈子就是想有一套属于自己的甜蜜小窝，但是却常常听到有房一族吐槽自己，说自己的房子住得不顺心，感觉十分别扭，可是却瞧不出哪里有什么问题。这就涉及了大部分人会忽视的动线的问题。什么是动线，动线跟居住的舒适感的关系是什么，这是人们最先会浮现在脑海中的问题。

动线，就是人在房屋内行动的路线。

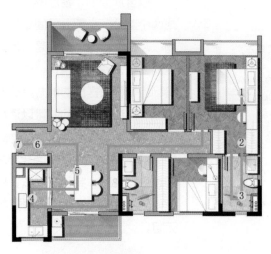

早上起床上班的路线：

①起床

②穿衣

③洗漱

④做饭

⑤吃早餐

⑥换鞋

⑦出门

晚上下班回家休息的一般路线：

①进门

②换鞋

③做饭

④吃饭

⑤休息娱乐

⑥沐浴

⑦睡觉

1.1　动线初认识

　　一个空间基本上可分成"停留的地方"和"可移动的地方"，动线就是属于"可移动的地方"。

　　坐在沙发上不叫动线，躺在床上也不是动线，但床旁边的走道就是动线，电视柜前面也要有动线才能使用，动线就是进行"动态"的行为。在开始规划动线时，记住动线有三个角色：

- 动线是行动的路线。
- 用来作为空间转换的枢纽。
- 机能需求的活动地方。

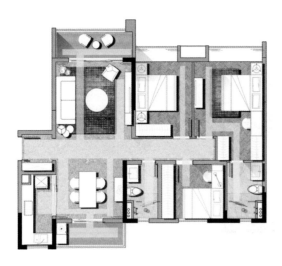

　　以客厅为例，客厅的组成分成两个部分，一部分是固定构造物以及摆设，另一部分是人流通过的路径。沙发、茶几、边几、储物柜等物品摆放的地方是静态区域，而这几者之间的可以活动的地方就是动态活动区，在动线的关系原则上，应该在这几者之间划分出合理、完整的流线，保证使用者在空间之中通行时顺畅无阻。

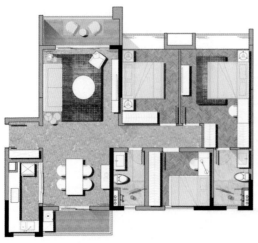

1.1.1　主动线与次动线

　　认识动线后，必须了解动线有"主动线"与"次动线"的区别。"主动线"是从一个空间移动到另一个空间的主要动线；而在同一个空间内的琐碎动线与功能性的移动则是"次动线"。就像从客厅到餐厅、厨房，或从主卧到次卧，空间到空间的移动是"主动线"；而从客厅的沙发走到电视，或从卧室的床走到衣柜等功能的移动则是"次动线"。

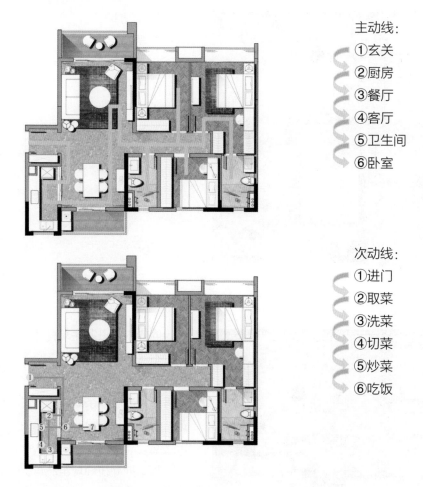

主动线：
① 玄关
② 厨房
③ 餐厅
④ 客厅
⑤ 卫生间
⑥ 卧室

次动线：
① 进门
② 取菜
③ 洗菜
④ 切菜
⑤ 炒菜
⑥ 吃饭

　　区分主、次动线，可以在规划动线时思考先后顺序，先决定主动线之后，设计思考便以这条主动线为主轴。如果这个房子不够大，可以把多余主动线整合在一条主动线，或者把主动线与次动线整合在一起，既可打造明快流畅的动线，又能节省空间。若这个空间够大，要展现空间的大气，就可以把多个主动线或主动线与次动线分开。

1.1.2　掌握合理动线

　　动线的好坏，不但关系到行走时的顺畅度，更决定着一个空间的舒适性，同时也决定空间与空间互相关联的重要性。例如客厅与书房、餐厅与厨房、卧室与更衣室之间，每个空间彼此互动的重要性，就取决于动线如何规划。

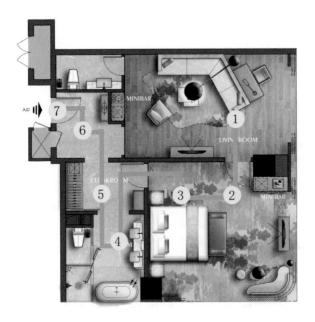

行进顺序：

①娱乐

②睡觉

③起床

④洗漱

⑤更衣

⑥换鞋

⑦出门

　　同样的行进顺序却有两种完全不同的动线规划。

　　第一种动线规划虽然有个别房间不能被一条动线完全贯穿，但是在行进中却不需要曲折迂回。

　　第二种动线规划虽然有部分进行线路重合，但是所有房间都在同一条动线上。

　　两者各有千秋，全看业主的作息更加倾向哪一种。

　　动线规划得好，会让使用面积增加、宽敞度也随之增加；反之，动线若规划不好，就会让空间变得很碎，使用空间变少、感觉也会很拥挤。而随着环境与时代的变迁，空间使用的弹性亦日趋变化多端，动线也不再只有单一的选择。

沐浴动线：
① 整理
② 更衣
③ 沐浴
④ 洗衣
⑤ 晾晒

　　同样是对更衣、沐浴、洗衣、晾晒几件事的处理，但是动线设计的不同会导致处理事务的方便程度也不同，所用的时间就会相差甚远。

　　第一种动线的规划十分合理，所有动作都在一条十分顺畅的动线上进行，不需要再转换空间，不仅节约了时间也节约了空间。

　　第二种动线的规划相对来说第一种动线的规划就显得繁杂且冗长，空间也比较分散。

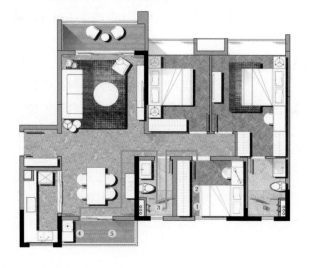

　　在一个空间之中，看不见的动线随时都在影响和指导着人们的生活，原则上来说，动线越短越便捷越好，这样在处理事务时就会非常省事。

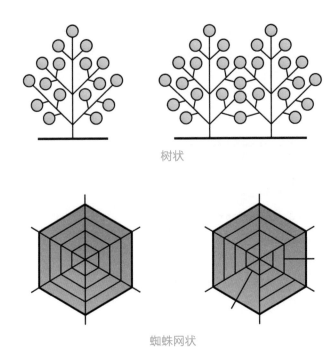

树状

蜘蛛网状

　　动线的规划大致上可以分为树状以及蜘蛛网状，树状的结构如上图所示，在处理事务的过程中，每次都要回到主干道才能继续下一件事情，这样不仅浪费了不必要的时间，同时也在处理事务的过程中徒增了许多不必要的重复运动。所以这种动线的规划一般是能避则避。蜘蛛网状的路线规划能够保证人不用退回主干道就能高效地完成家务。

　　树状的路线规划是一个长动线，每回到一个端点就得原路返回，无形之中增加了重复劳动的烦恼。以沐浴动线为主，在沐浴之后想要洗衣服，就得走出来到阳台洗，洗完之后再进行晾晒，这在无形之中就增加了不少麻烦。而合理的蜘蛛网动线就不会这样，沐浴、洗衣、晾衣一气呵成，不用再退回主干道，可以直接完成工作。

　　当然，现在好的户型十分稀缺，想要完全做到蜘蛛网状的动线规划是不可能的，所以，在这种情况下能够做到的就是尽量减少路线的重复，合理规划空间。

1.2 | 拆除多余墙体 优化动线

户	建筑面积：55m²
型	居住成员：夫妻、一小孩
档	室内格局：客餐厅、厨房、卫生间、卧室、阳台
案	主要建材：复合地板、乳胶漆、进口壁纸、进口瓷砖、装饰画

平面设计提案

Before

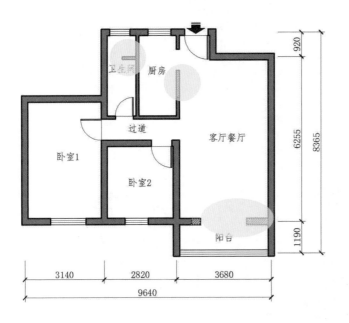

- 厨房是一个狭长的空间，本来就不适合平开门设置，并且这个平开门的位置会导致一部分空间不能被合理地利用，因此，可以考虑更改厨房门的形式。

- 卫生间本就狭小，这个干湿分离的设置会使得沐浴空间变得更紧张，分隔的墙体与平开门的位置会让这个拥挤的卫生间内连洗漱台都摆不下。

After

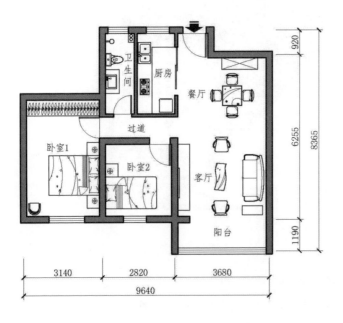

- 阳台与客厅之间的墙体，阻碍了客餐厅的采光，并且让客厅看起来显得有点拥挤。

A 巧做分离

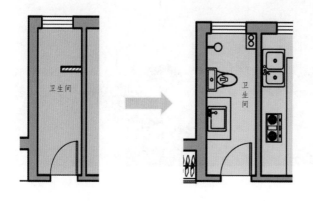

　　1. 卫生间的一堵墙虽然做到了干湿分离，但是它既占用了卫生间宝贵的空间，同时又阻碍了人的行进路线，使动线距离加长，拆除墙体，安装一个小的淋浴房，所有问题都会迎刃而解。

B 拆墙扩门

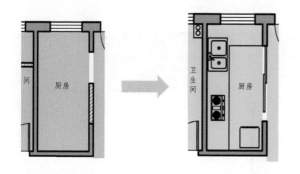

　　2. 厨房空间比较狭长，采光面积较小。拆除厨房处的多余墙体，安装通透性更好、开合更省空间的玻璃推拉门，营造明亮的烹饪空间，同时双向推拉门能够使动线更加灵活，动线不再受单向的平开门的限制。

C 放大客厅

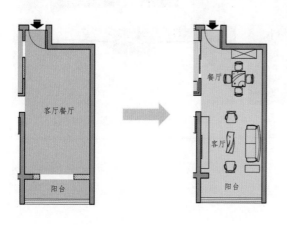

　　3. 客餐厅与阳台处于同一水平位置上，拆除阳台门框处的多余墙体，可以有效地扩大客餐厅的视觉通透感。封闭阳台，将阳台与客厅合二为一，同时也能根据需要灵活地改变空间布局。

左图：客厅选择了色系比较居中的原木色木地板，不论是白色方形茶几，还是木色藤椅，都与地面交相呼应。拆除阳台墙体之后，配上浅色的棉麻窗帘，整个空间也变得愈发明亮。

右图：餐厅整体以白色为主，为了增大采光面积，增强空间明亮感，四面粉刷白色乳胶漆，搭配浅木色的餐桌和白色的铁艺吊灯，整个空间简洁而明亮。

左图：卧室三面刷白墙，独留一面浅灰色墙面，一方面可以中和白墙带来的单调和视觉困乏感；另一方面搭配木色的地板也能使卧室显得不那么空洞，影响睡眠质量。

右图：客厅是待客的重要之处，棉质的沙发手感和坐感更佳。沙发背景墙上的几幅绿植插画和麋鹿，清新、自然，既和客厅设计氛围相匹配，色调也比较素雅，适合小户型家居使用。

1.3 | 扩大使用面积　丰富动线

户型档案	建筑面积：75m²
	居住成员：夫妻、一男孩、一女孩、一只猫
	室内格局：客餐厅、厨房、卫生间、卧室、阳台
	主要建材：地砖、乳胶漆、进口壁纸、进口墙砖、饰面板

平面设计提案

Before

- 玄关面积不小，不将其进行合理的利用就会显得过于空旷。

- 餐厨被分隔为一个单独空间，餐厅又在厨房的里面，房间套房间，不仅是风水上的忌讳，也使动线变得复杂起来。

After

- 客厅与阳台之间的门相较于整个空间来说显得不够开阔。

- 卫生间门的朝向非常尴尬，室内空间因为门的朝向不好安排。

- 窗户的凸起处面积不大，如何利用好这一块是个问题。

A 独立玄关

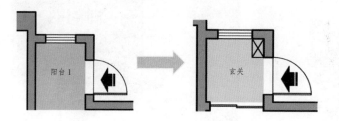

B 餐厨一体

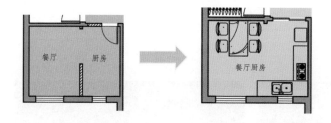

C 动线通畅

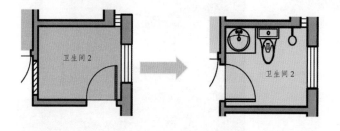

D 放大客厅

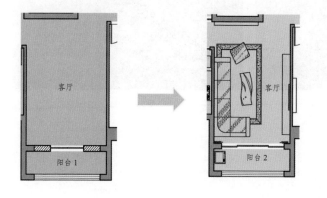

1. 为了增强家居隐私性，可以将入户阳台改为玄关，并增加两扇磨砂玻璃移门，既不会完全遮挡阳光，也能形成一个新的格局。

2. 将餐厅和厨房中间的墙拆除掉，二者合二为一，既能扩大活动空间，使得日常行走动线更通畅，也能让采光反射面更大，室内明亮度有所增强。

3. 卫生间2的开门方向十分尴尬，这样不仅不方便安放床，而且就动线布置方面来说也不利于行走，将卫生间2的开门位置换个方向，动线就变得十分流畅，卧室面积也能够得到更好地利用。

4. 客厅与阳台之间的推拉门过于狭窄，既然阳台是生活阳台，那么扩大阳台门，能够更加方便人员的进出。

左图：客厅布局简单，白色地砖搭配深色地毯，给人一种向外的延伸感。沙发呈 L 形摆放，行走空间十分流畅，顶面也没有多余的造型，简单却也兼具设计感。

右图：主卧改造后在原来卫生间门的位置定做了一个衣柜，这样起床之后可以直接换衣、洗漱，动线规划十分合理。

左图：原来的入户阳台改成了玄关，在这里设立一个会客厅，在有人到访时可以不用进入私人领域，直接在这里完成会面，动静区划分得十分干净利落。

右图：公共卫生间使用人员较多，设立玻璃框架淋浴间，进行干湿分区，简化空间，使人在其间行走得更加通畅。洗脸池上方的长条镜也能有效增强空间感，使卫生间更显通透。

1.4 | 化繁为简　简化动线

户型档案	
建筑面积：63m^2	
居住成员：夫妻、一小孩、一只狗	
室内格局：客餐厅、厨房、卫生间、卧室、书房、阳台	
主要建材：地砖、木地板、乳胶漆、手绘墙壁、饰面板	

平面设计提案

Before

After

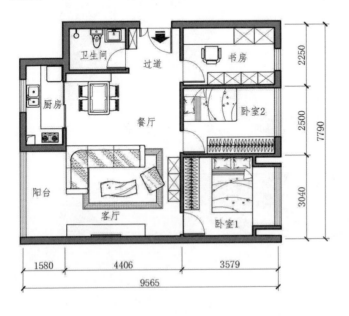

- 入户门左边墙体过厚，占地面积稍大。

- 厨房所留门洞过于窄小，不利于行人走动。

- 客厅面积过于窄小，家具摆放之后所留的行走动线过于狭窄，十分不便。

- 卧室1所留的空调机位面积太大，卧室本身面积太小，安排不合理。

A 增加玄关

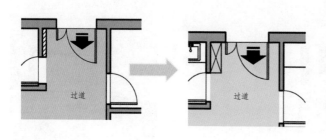

1. 将入户玄关处墙体拆除，只留120mm厚作为卫生间的墙体，拆除区域可设置鞋柜或长条凳，这样出入门换鞋、挂衣十分方便，不用再进入室内做这些工作，简化了动线。

B 厨房扩门

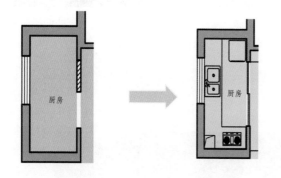

2. 厨房面积比较狭长，拆除两边多余墙体，将单扇门转变为双扇玻璃推拉门，方便人员的出入，使动线更加便捷。

C 扩大客厅

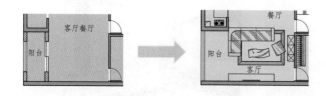

3. 客厅面积过小，拆除阳台两边墙体，封闭阳台窗，将阳台和客厅打通，既能有效利用空间，同时客厅和阳台的采光面积也能有所增加，整体行走动线也更流畅，视野也更开阔。

D 合理利用

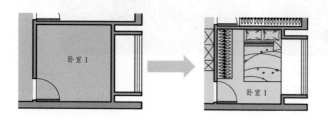

4. 拆除卧室1窗户处的墙体，扩大卧室面积，在此处可设置飘窗，一方面飘窗可以作为存储空间存在，另一方面飘窗也可作为观赏阳台存在，兼具时尚性和美观性。卧室的行走面积也变得更宽阔。

左图：小户型的客厅一般会选择浅色系进行装饰，客厅内的四面白墙搭配浅色系的地砖，整个空间愈发显得简单、大气。虽然客厅的面积不大，但是在视觉感受上却非常宽敞。

右图：卧室飘窗同样以浅色系为主，没有很烦琐的装饰，只安装了轻纱窗帘，高度与床平齐，扩大了卧室的空间感，使动线更加通畅。

左图：入户本来没有玄关，这样在室内换鞋就得走入再走出，增加了动线的长度，而在入户玄关处设置长条坐凳，以供换鞋，坐凳之下还可放置鞋子，颇具实用性。

右图：厨房以 L 形橱柜为主，厨房各器具均可收纳其中，充分利用了厨房空间的同时也不会显得杂乱无章。L 形橱柜更加方便行走，动线更短。

1.5 ┃ 无中生有　变废为宝

户 型 档 案	建筑面积：83m²
	居住成员：一家三口
	室内格局：客餐厅、厨房、卫生间、卧室、储物间、阳台
	主要建材：地砖、木地板、地毯、乳胶漆、进口墙砖

平面设计提案

Before

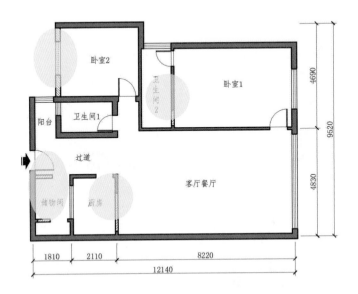

- 储物间的面积不小，纯做储物浪费空间，如果做休息室又太小。

- 厨房门开门朝向走道，到餐厅所要走过的动线距离较长。

After

- 卧室1的卫生间门的朝向与卧室门的朝向之间距离较远，动线安排过于复杂。

- 卧室2的面积不大，应该充分利用每一寸面积。同时采光不够好。

A 实用阳台

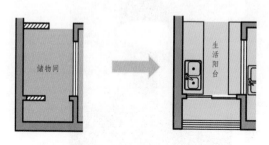

1．敲掉储物间多余的墙体，采用开放式格局，扩大空间范围，同时也能使阳台和储物间内的空间相通，做成生活阳台，在这里洗衣、晾衣一气呵成，大大缩短了动线。

B 厨房朝向

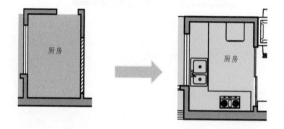

2．更改厨房门的朝向，使厨房门的朝向面向餐厅，厨房与餐厅之间的行走距离缩短，优化了动线。

C 缩短动线

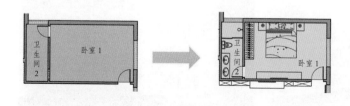

3．更改卫生间2门的朝向，这样从进入卧室—更衣—沐浴—休息，在一条通畅的动线上完成，不用再绕弯。

D 增加采光

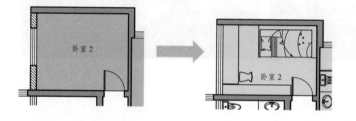

4．扩大卧室2的采光面积，敲掉卧室2窗户两边的墙体，使之成为整片窗，采光面积也能由此得到最大限度地扩大，室内通风性也会更好。

左图：狭长的储物间面积本来十分鸡肋，总地来说储物间的面积不小，完全用作储物浪费了空间，作为待客客厅面积又太小，但是将其改成生活阳台之后，可以在这里完成洗衣等家务工作，不用再跑到卫生间中操作，大大缩短了工作的动线距离，变废为宝。

右图：厨房前门的朝向直面走廊，到餐厅还需转个弯，这样大幅度地增加了做饭的工作距离。改变厨房门的朝向，缩短了厨房与餐厅的距离，做饭时能够尽快将饭菜端上桌，优化了动线。

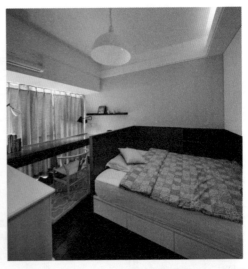

左图：将原本卫生间门的朝向改到卧室入口这一块，原来的门封闭之后安装定制衣柜，这样进入卧室、更衣、沐浴、休憩一气呵成，动线更加流畅。

右图：卧室改变了窗体的面积，整片的窗使得采光不再成为问题，窗边设立一条长桌，在此或阅读，或写作，甚至连发呆都能让人感觉到十分舒适。

1.6 | 合理拆除　高效利用

户	建筑面积：63 m²
型	居住成员：一对年轻夫妻、一对老人、一小孩
档	室内格局：客餐厅、厨房、卫生间、卧室、书房、阳台
案	主要建材：地砖、木地板、木饰面板、乳胶漆、进口墙砖

平面设计提案

<u>Before</u>

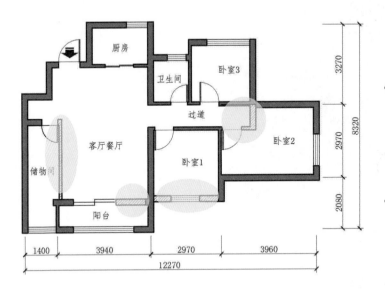

- 储物间占地面积不小，且封闭的空间狭长。

- 客餐厅面积不大，客厅与阳台之间的分隔显得空间更窄小。

<u>After</u>

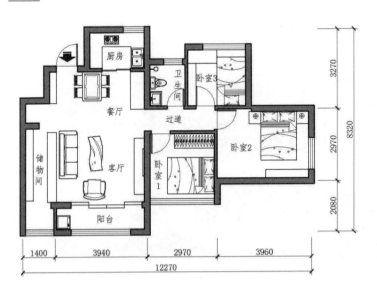

- 卧室1的采光不够，空间太小。

- 卧室2门的朝向设计不合理，不仅动线的设计不方便，还浪费了空间。

A 开敞储物间

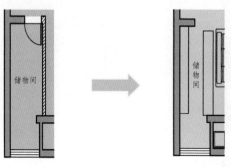

B 合二为一

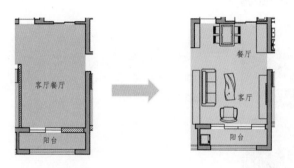

C 变小为大

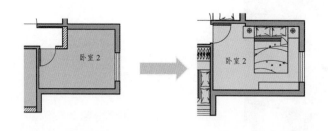

D 增强采光

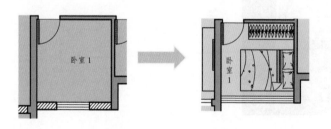

1．拆除储物间侧边墙体，将其与客厅相通，增加空间流畅性，能够放置的物件也能更丰富，透光度也更好。开放性空间使得动线更加通畅。

2．客厅的面积不大，因此将阳台的门扩大，不仅在做家务时进出更加方便，同时在视觉上也能够感觉客厅的面积更加宽阔。

3．卧室2的开门方位使得走道占有更多的面积，而卧室2的内部更是显得零碎，更改卧室2的开门方位，不仅增加了卧室的使用面积，同时动线的走向也更加便捷。

4．拆除卧室1窗户两侧的墙体，增加卧室内采光面积和通风面积，同时也能提升整个空间内的通透度。

左图：墙体拆除后的储物间在视觉上更显通透，与客厅既能形成一个整体，但又能独立存在。沙发后的长柜既可以是沙发的靠背，同时也能放置物品，做储藏柜用。通透的书房空间与客餐厅之间的动线也就会十分通畅。

左图：客厅与阳台之间的门在原来的基础上进行了扩大，这样是为了能够让工作阳台与客厅之间的动线更加流畅。推拉门是双向开门，使动线更加灵活。

左图：卧室的开门方向经过改造之后，整体的空间显得通透、明亮，卧室同样遵循了简洁风的原则，没有多余的装饰，只在墙面挂有一幅装饰画和几个立体挂饰，整个空间没有塞得满满当当，保留了足够的行走动线，十分通畅。

1.7 | 空间开放　秒变格局

户型档案	
建筑面积：43 m²	
居住成员：一对年轻夫妻、一只狗	
室内格局：客餐厅、厨房、卫生间、卧室、阳台	
主要建材：木地板、实木颗粒板、乳胶漆、铝扣板、进口墙砖	

平面设计提案

Before

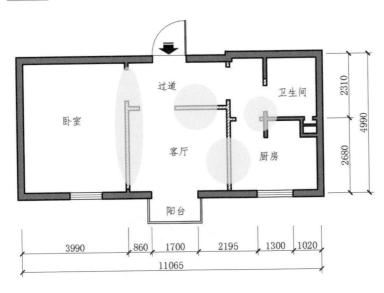

- 整个户型面积不大，但是各种墙体非常多，卧室、客厅、厨房、卫生间被一堵墙明显地分隔开来。

- 入户门打开面对的就是客厅的门。

After

- 厨房与餐厅被分隔在一个空间内，本应十分便捷，但是从客厅到厨房用餐得绕行一段路。

- 从过道到卫生间与厨房还得经过一道门，厨房与卫生间成为房间套房间的模式。

A 更改门洞

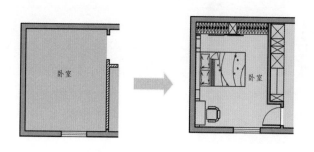

　　1. 拆除卧室墙体并往里推移600mm，以此扩大客餐厅空间，同时为玄关鞋柜及衣架留有充足空间，这样进出门可就地换鞋，缩短了行走线路的长度。

B 拆除墙体

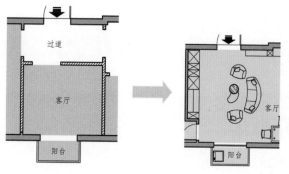

　　2. 拆除客厅与过道中间的墙体，使过道、客厅以及阳台形成一个流畅的动线。将原卧室的门移至靠阳台一侧，做好动静分区。

　　3. 拆除客厅与厨房中间的墙体，将厨房改造为开放式，并为餐桌预留足够的空间。这样不仅能够显得空间更加通透，同时也优化了动线，进餐时不用再绕弯进入餐厅。

C 开放格局

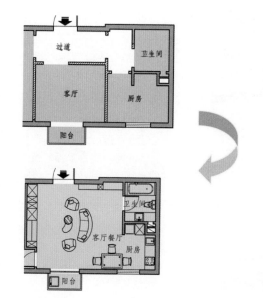

　　4. 拆除厨房一侧凸起的墙体，改变卫生间开门的方向，使洗面盆、马桶以及浴缸能够合理放置，动线更便捷。

左图：为了更大程度地利用空间，可以选择具有多种功能的储物柜，这样不仅节约空间，同时更显干净利落，卧室门安装隐形门，使门跟墙面融为一体。这样整体空间就显得宽敞许多，动线也更加通畅。

左图：因为只是新婚夫妇的小家，所以餐厅与厨房不需要太大，餐厅位于客厅的一隅，放置于靠窗一侧，整体色调比较素雅。餐桌与沙发的安置也比较合适，动线安排合理。

左图：卫生间以白色为主色调，这对于没有窗户的卫生间而言十分重要。储物柜可以将卫生间内的洗漱用品收纳起来，化妆镜也能扩大空间视觉感。

左图：卧室色系与客厅色系相呼应，无论是飘窗还是床头内凹空间，都以实用功能为前提，整体设计既节约空间，又不缺乏美感，适合小空间选用。

第 2 章
空间序列很重要　主次重叠

2.1 | 动静分区

　　按照空间的使用对房间进行排列的重要性是不言而喻的，面对一个格局时，要如何下手去分配各空间的配置呢？首先，需要做的工作就是先大致地将整个格局分为"动区"和"静区"，也可以说是"公共空间"和"私密空间"。顾名思义"公共空间"也就是共同使用的区域，如客厅、餐厅，或者再多一个弹性空间如书房。"私密空间"也就是个人的私密空间如卧室、更衣室、主卧卫生间等。

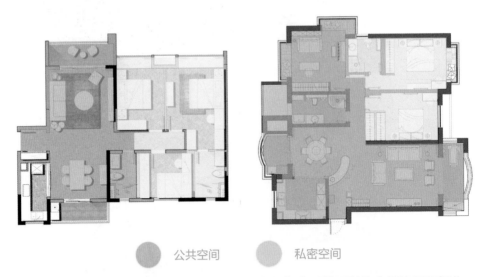

● 公共空间　　　● 私密空间

　　将大致的格局分为"公共空间"和"私密空间"之后就可以将空间格局再细化。首先，从公共空间开始安排格局的配置，如上所说，公共空间的空间一般占整个房间的比重较大，其中客厅占比最大，餐厅次之，弹性空间的书房占比较小或者没有。

　　接着，有书房就以书房为连接，连接私密空间的房间，主卧的空间一般会比较大，有的还会带有卫生间或者衣帽间，次卧一般会比较小。

　　当格局配置完成之后就可以确定动线的走向，每两个空间的相交处就是动线，例如：连接公共空间与私密空间的相交处就是书房，那么书房必然是一个可以穿越的空间。在这之后就可以确定墙的位置到底是在哪里，例如：客厅、餐厅要做开放式的就不需要墙体，客厅、餐厅要分开来就需要砌一面墙；书房因为是连接公共空间与私密空间的过渡，所以作为一个穿越空间要足够通透，可以是开放空间，也可以被区隔；主卧与两个次卧之间要留出走道等。如此一来就会知道墙要放在那儿，怎样的格局配置，动线才会是最顺畅的。

2.1.1　从泡泡图看动线规划

将整个房屋空间先分出大致的公共空间和私密空间。

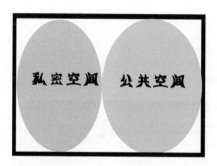

Step 1

将公共空间中各个空间的大小领域及配置画出。

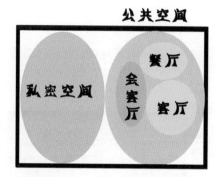

Step 2

将私密空间中各个空间的大小领域及配置画出。

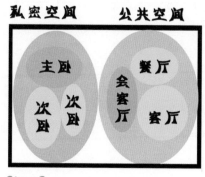

Step 3

将所有空间的大致布局定位之后，布置各个空间之间的动线与墙。

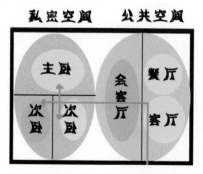

Step 4

2.1.2 从个人需求看动线规划

分出公共空间及私密空间之后要做的工作就是找出主动线，对常邀请亲朋好友到家做客的人而言，客厅的需求就是用来接待朋友，因此将客厅、餐厅，或是书房联结在一起做成开放式的公共空间，这样接待朋友时才会有足够与多元化的空间来使用。而此时的主动线的顺序就是客厅—餐厅—书房，因此可以将主动线安排在公共空间，与私密空间分开。反之，客厅若是家人看电视、聊天的场所，不常接待亲友，而是注重家人相聚，此时主动线的顺序就是客厅—餐厅—卧室，让主动线是可以串联公共空间与私密空间。

除了客餐厅之外，其他空间的动线规划也可以同步进行，例如卧室内的动线规划，因为每个人的需求不同，卧室内的动线规划也不尽相同，例如，有人喜欢把更衣室放在浴室与床之间，这样使用起来方便，此时就需要共享动线；而有的人则喜欢将更衣室与浴室分开，此时就需要将动线分开。

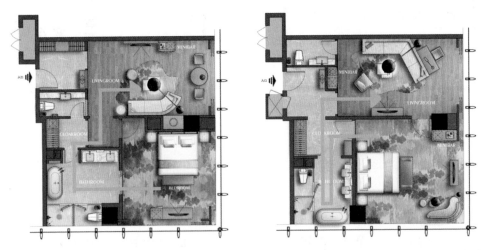

上图：同一户型因为个人的需求不同，所以平面规划也完全不同，而最能决定动线的走向的可以明显看出就是门的位置。

由此可见由于个人对空间排列的重要性的不同，就会产生不同的动线。改变动线的方式有很多，最常见的就是因为改门而改变了动线的走向，改门不但可以让原本无法隔出更衣室的主卧规划出更衣室，更可以优化动线，创造更加明快流畅的动线。

　　根据业主的不同需求，针对公共空间与私密空间的动线安排可区分为两种：一种是需要招待朋友到家中做客的，另一种是注重家人相聚型的。对于需要招待好友的，可以将格局一分为二，一半是公共空间，另一半是私密空间，并将公共空间与私密空间分开，让造访的客人不会打扰到业主的私人空间。对于注重家人相聚型的，领域之间的划分就没有这么讲究，可以将私领域规划于公领域的两边，用动线串联公共空间与私密空间，让一家人方便走动到中间的公共空间相聚，家人也可以拥有自己的空间。

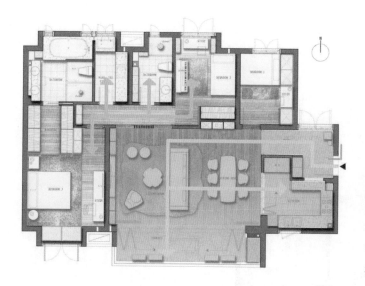

 公共空间

 私密空间

　　公共空间在前，私密空间在后，两者之间楚河汉界，划分得十分明晰，动线也分为访客动线及私人动线，有客到访时能够保证私人空间不被打扰。

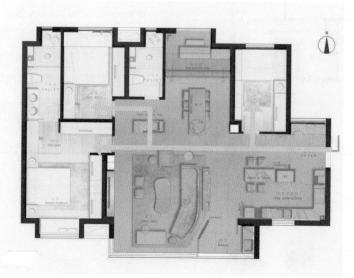

 公共空间

私密空间

　　私密空间包围公共空间，两者之间相互交叉存在，动线也是交互穿插，可以促进家里人进行更多的交流。

2.1.3 主、次动线相互交叉

　　动线可分成从一个空间移动到另一个空间的"主动线"，以及在同一空间内所发生包括移动性与机能性的"次动线"。

　　将多个移动的主动线整合成一个大的主动线，或者是将移动的主动线与有机能性的次动线重叠在一起的，就被称为"共享动线"，"共享动线"不仅可以让动线更加流畅，而且还能节省许多不必要的空间，具有使空间变大的作用，同时视觉宽敞度相对的也会增加。

　　要做到动线的重叠共享其实是一件非常简单的事。首先，将从大门走进去之后，行走到客厅、餐厅、厨房，以至于到各个房间等多个移动的主动线，整合在同一条主动线上，这样就可以一路从大门走到客厅、餐厅、厨房及主卧、次卧，行走的动线不会绕来绕去，相当明快顺畅，同时也不会产生浪费空间的走道，就可增加空间的使用坪效与宽敞度。

　　"主动线"是空间到空间的移动动线，将空间跟空间移动的主动线尽量重叠，就可以节省空间。例如：从玄关到客厅、主卧、厨房、次卧、客卧、书房，本来需规划6个主动线，但是用一条贯穿的主动线来整合这6条移动的主动线，让主动线一直重叠，就能节省空间，创造空间的最大使用效益。

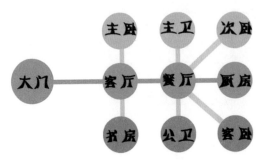

　　除此之外，将移动的主动线与机能的次动线整合在一起也是一件容易的事，以客厅为例，客厅需要有移动的主动线走到房间，而使用电视柜时也需要有机能动线，因此可以将移动到房间的主动线与使用电视柜的机能次动线重叠、整合在一起，就能共享主、次动线。

　　所谓"次动线"是指在空间内发生的动线，包含机能性、移动性等动线都是次动线。例如：将从客厅移动到房屋入口的主动线，与在客厅使用电视柜时柜子前面需预留的机能动线整合在一起，就是将主动线与次动线重叠，不仅节省空间，更能创造流畅的动线。

　　如果能将主动线与主动线，再加上与次动线全部整合在一起，则可打造不管是空间到空间的移动行走、抑或在空间中使用机能上的最佳流畅动线。例如：用一条"共享走道"，整合所有的动线，包含从玄关到客厅、餐厨、次卧、卫生间、主卧等，空间移动到空间的主动线贯通整合在这个走道，而这个走道还整合了使用客厅电视柜与餐厨前面一排收纳柜子的机能次动线。

　　这也就是用一条共享走道重叠所有主、次动线，这个走道等于这个房子的龙骨，相当重要，打造出明快流畅的完美动线。

2.2 | 合理分隔　扩大空间

户 型 档 案	建筑面积：65m²
	居住成员：一家三口、一只狗
	室内格局：客厅、餐厅、厨房、卫生间、卧室、书房
	主要建材：复合地板、乳胶漆、进口壁纸、瓷砖、饰面板

平面设计提案

Before

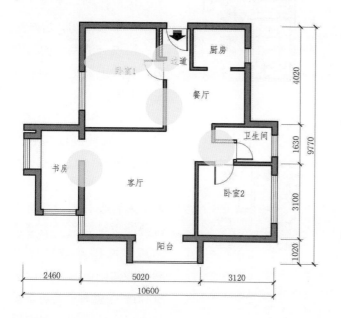

- 玄关所留安装玄关柜的空间过于窄小，无法放下男主人的鞋子，设计不合理。

- 卧室1的门的朝向位置正处于中间，室内动线的设计会比较复杂，同时不好摆放家具。

- 餐厅面积不大，没有可以安放储物柜的地方。

After

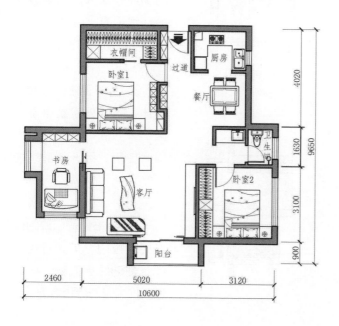

- 卫生间的墙体设计不合理，浪费了本就珍稀的室内空间。

- 书房面积不大，与客厅之间的关系处理要慎重。

A 分隔空间

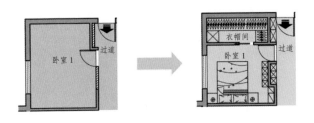

B 主次重叠

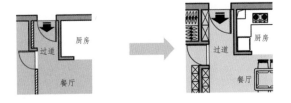

C 干湿分离

D 空间流畅

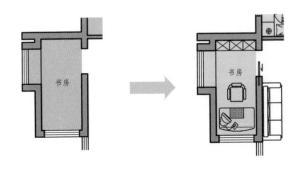

1．将卧室1沿着门洞的右边墙体砌一道墙，隔出来一个衣帽间，这样起床—换衣—洗漱，动线流畅，同时也满足了房屋女主人的要求。

2．拆除过道与卧室之间的墙体，只留120mm厚的墙体，拆除后再在此处安装鞋柜，出门准备工作就在玄关完成，缩短了动线。将卧室与餐厅之间的墙体向卧室方向偏移300mm，偏移空间可设置储物柜。从餐厅到储物柜的动线与从入户门到客厅的动线重叠，这也就是主动线与次动线的重叠。

3．拆除卫生间外侧的墙体，在此处设置干湿分区，一方面可以方便两人同时使用，另一方面也能规整卫生间的格局。

4．将书房的门改为嵌入式推拉门，扩大行走空间，使动线更流畅，同时也能扩大竖向储物范围。

左图：主卧空间比较大，储物间在改造之后，摇身变为时尚的衣帽间，增大了卧室储物空间，但整体色调依旧比较素雅，偶有黄色抱枕和其他色系的艺术摆件装饰空间，但也不会显得空间单调。主卧之中设计更衣室，起床到更衣的动线过程更方便。

左图：书房的门做成隐藏的推拉门，拉上门就能和墙融为一体，更有整体感。推拉门的设计也不占位子，同时更方便人的行走，使动线更流畅。

左图：餐厅的面积比较小，没有多余的位置安放储物柜，将过道与卧室之间的墙体打出一个整体的储物柜，从餐厅到储物柜之间的次动线与从入户门到客厅的主动线重叠，不但节省空间，更创造了完美流畅的动线。

2.3 善用材料　扩大空间

户	建筑面积：53m²
型	居住成员：一对中年夫妻、一个女儿
档	室内格局：客厅、餐厅、厨房、卫生间、卧室、储物间、健身房
案	主要建材：马赛克砖、有机玻璃、复合地板、乳胶漆、瓷砖、进口墙布

平面设计提案

Before

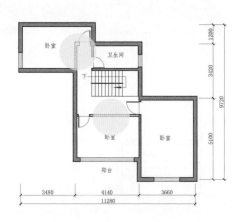

After

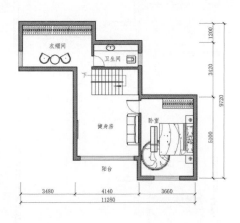

- 入门走道狭窄，玄关设置拥挤，厨房到餐厅要穿过两道门。
- 单人卫生间设计的面积过大，卧室面积被压缩。
- 二楼走道面积占地太多，许多空间白白浪费没有被充分利用。
- 二楼走道四周都是封闭的墙体，没有光亮透进来，常年阴暗潮湿。

A 简化玄关

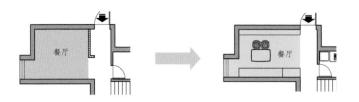

1. 在面积狭小的入口空间中玄关的设置最好能够将其简化。厨房与餐厅之间要通过两道门，使得动线的设置更加复杂。

B 有舍有得

2. 将卫生间的实墙拆除，取而代之的是更薄的玻璃隔断，这样能够更加合理地利用珍稀的空间。

C 走道纳入

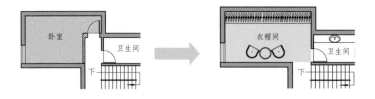

3. 将多余的卧室改为衣帽间，拆除墙体，让走道的空间能够被纳入进来。

D 沐浴阳光

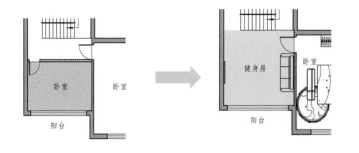

4. 将多余的卧室空间改成业主要求的健身房，将之间横隔的墙体拆除，让阳光能够洒满整个二楼的角落。同时空阔的场地能够让动线更加顺畅。

左图：将玄关与餐厅之间的墙体拆除，整个入户空间显得更加大气，餐厅后面的一排储物柜可以当作玄关柜来使用，弥补没有玄关的遗憾。没有墙体的阻拦，从厨房到餐厅的动线更加畅快。

右图：将之前的卫生间实墙拆除，用有机玻璃代替卫生间的墙体，透明的玻璃能够让原本狭小的卧室空间在视觉上更开阔。

左图：将原本多余的卧室空间改成衣帽间，从二楼卫生间出来就是衣帽间，洗漱一更衣一下楼，所有动作一气呵成，动线设计轻快明朗。

右图：原本的多余卧室空间被拆除，改成开放式的健身房，阳光终于能够从外面照射进二楼的每一个角落了。

2.4 | 扩大入口　尽显大气

户 型 档 案	建筑面积：60m²
	居住成员：夫妻、一个女儿、一只猫
	室内格局：客厅、餐厅、厨房、卫生间、卧室、书房
	主要建材：复合地板、乳胶漆、大理石、瓷砖、饰面板

平面设计提案

Before

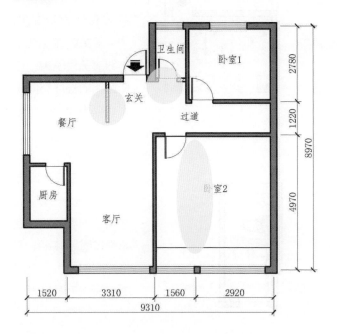

- 餐厅与玄关之间的墙体设置过于突兀，为了隔出玄关而设置墙体没有考虑到餐厅的通畅性。

- 卫生间面积太小，与整个过道相比，凹下去的部分十分突兀，白白浪费了不小的一片空间。

- 主卧面积非常大，过于宽敞的空间，在休息时会让人没有安全感。

After

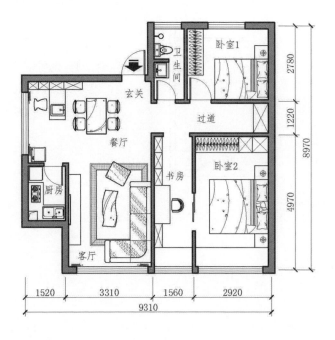

A 简化玄关

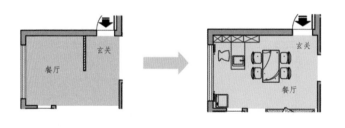

B 扩大空间

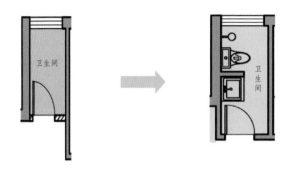

C 一室变二

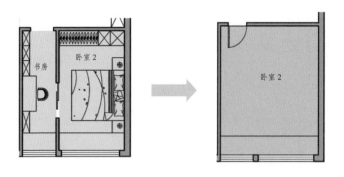

1．拆除原来玄关与餐厅之间的墙体，玄关的作用让小小的玄关柜承担，这样宽阔的餐厅空间里就足以再加上一个吧台，动线更灵活。

2．在卫生间靠入户门一侧的墙体的基础上砌墙，新砌墙与原过道墙齐平，卫生间面积扩大，有足够空间做干湿分离。

3．将原卧室2的空间分隔出一个书房的空间，书桌可以一桌多用，不仅可以学习，同样也可以化妆，这样洗漱到化妆之间的动线就大大缩短。

左图：减去了玄关的存在感之后，餐厅的可利用面积就得到了大大地增加，增加的吧台不仅能够跟朋友小酌，同时也能够当西厨使用，做早餐不用再进入厨房，在吧台上就能完成，节约了不少时间，也大大缩短了早餐的动线。

左图：主卧与书房之间安装的是镜面玻璃推拉门，镜面的反射能够在视觉上扩大空间，衣架从玄关移到了这里，虽然距离有点远，但是早上起床一穿衣一洗漱一化妆一出门的动线设计还是十分流畅。

左图：卫生间扩大之后，就有足够的空间做到干湿分离，早晨上厕所和洗漱的人可以互不干扰，减少了等待的时间，提高了生活效率。

2.5 | 内部改造　异形优化

户型档案	
建筑面积：28m²	
居住成员：单身女士、一只狗、一只猫	
室内格局：客餐厅、厨房、卫生间、卧室	
主要建材：进口地砖、实木地板、仿古墙砖、马赛克墙砖、大理石板、地毯	

平面设计提案

Before

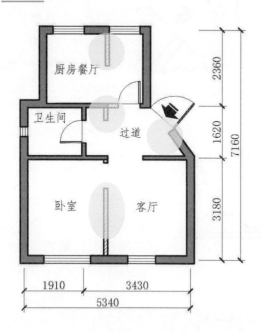

- 入口玄关是一个异形的三角空间，如何合理利用这一空间是最重要的问题。增减都可以给这个空间增加不一样的活力，两者造成视觉感受也不相同，要看业主的喜好。

- 厨房与餐厅在同一空间之中被一堵墙分割开来，形成了两个独立的空间。如此一来不仅显得餐厅空间过于拥挤，而且两者之间的动线连接也比较繁复。

- 卧室与客厅的面积都不是很大，两者之间同样被一堵墙分开，两个空间都显得有些拥挤。

After

A 优化异形

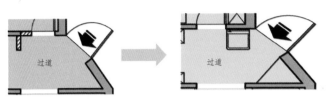

B 巧装衣柜

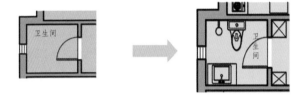

C 餐厨一体

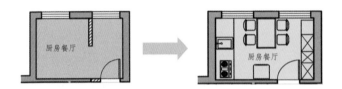

D 简化玄关

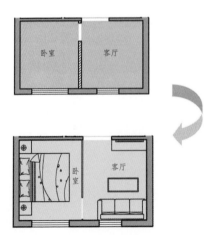

1. 入户玄关虽然为异形，但是是三角形，所以比较好处理，安装上定制的玄关柜即可解决这个问题，玄关柜储物功能强大，一些琐碎物件在玄关处即可处理完成。

2. 卫生间外面的墙体拆除之后安装上定制衣柜，虽然衣柜距离卧室比较远，但是洗漱完之后可就地更换衣物，大大缩短了动线。

3. 面积本就不大的空间完全可以拆掉多余的墙体，使餐厨成为一体，不仅改善了动线，更让空间更宽阔。

4. 卧室与客厅之间也可以拆掉分隔的墙体，安装上玻璃隔断，这样能使两个空间都变得宽阔，使动线变得更便捷。

左图：玄关处的定制玄关柜，其实也是一个隐藏的衣柜，出门要穿的外套可以挂在这里，这样出门可以直接套上外套，无须再返回室内，这种设计方式大大提高了空间的储物功能，缩短了动线。

左图：将厨房与餐厅合二为一，更显空间的宽敞，与此同时从厨房到餐厅之间的走动距离也变得更短，从做饭到用餐也就是一转身的工夫，整合了零碎的空间，改进了原本的动线。

左图：将原本卫生间的干区改成衣柜，虽然减小了卫生间的面积，但是却有了更多的储物空间，更衣、洗漱的动线也更加简便。卧室与客厅之间用玻璃做隔断，不仅有分隔空间的作用，更在视野上显得整体空间更宽阔。

2.6 | 变一为二 创造分区

户 型 档 案	建筑面积：28m²
	居住成员：单身女士、一只狗、一只猫
	室内格局：客餐厅、厨房、卫生间、卧室
	主要建材：进口地砖、实木地板、仿古墙砖、马赛克墙砖、大理石板、地毯

平面设计提案

Before

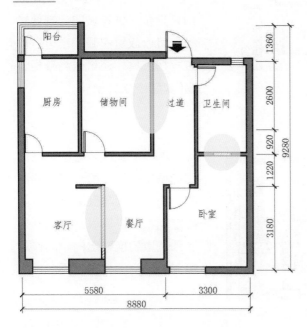

- 入户门一侧，留有一定的空间做玄关，但是整个空间非常长，如果利用不好就会失去整体性，利用好了就能够扩大收纳空间。

- 卫生间的面积比较大，就整个空间的占比来说比较高，卧室与卫生间的相接处凹进去的地方很宽，做衣柜浪费，做衣帽间又不够。

- 客厅与餐厅被分隔开来，餐厅的占地面积比较大，客厅的反而很小，两者之间要是调过来，那么就会形成动线交叉，体验感很不好。

After

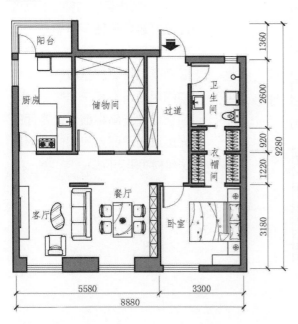

A 增强储物

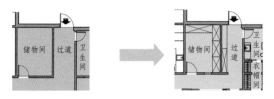

1. 玄关入口处的空地可以用来安装一排长长的定制储物柜，可以放置衣服，也可以放置打扫工具，还可以当鞋柜，出门就在玄关处换鞋。

B 以二变三

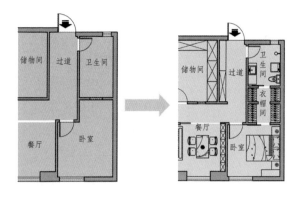

2. 将原卫生间与卧室之间的墙体打通，缩小卫生间面积，在卫生间与卧室之间做两排定制衣柜。早晨从起床到换衣到洗漱到换鞋出门，动作顺畅完成，空间得到了更合理的利用。

C 合二为一

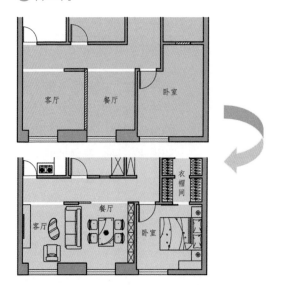

3. 将原客厅与餐厅之间的隔墙打通，只留下承重柱，使客厅餐厅融为一体，这样整个空间就显得更加宽敞，原来储物间因为没有窗户非常昏暗，现在增加一扇小窗，让客厅的光透过窗子照入房间内，解决了储物间采光问题。

左图：将卫生间与卧室打通，衣帽间设置在其间，合理利用空间，同时使动线更加合理，从卧室到卫生间不用绕路，可直接穿过衣帽间到达，从起床到洗漱的动线设计非常顺畅。

左图：将原本餐厅与客厅之间的隔墙打掉之后，整体空间变得更加明亮通透，餐厅后面设置一排书架，这样非用餐时间餐桌可以变书桌，空间灵活多变。通透的客餐厅空间让动线设计更加顺畅，空间得到了更好的利用。

左图：厨房的面积不小，采光非常好，明亮的厨房空间设置一个小吧台，吃饭时间吧台可以当备餐台，而早餐就完全可以在吧台上享用，不用再在厨房餐厅之间跑动，节约了不少时间。

2.7 | 横向扩大　面积延伸

户型档案	建筑面积：28m²
	居住成员：一对年轻夫妻、一个儿子、一只猫
	室内格局：客厅、餐厨、卫生间、卧室
	主要建材：乳胶漆、防滑地砖、仿大理石板、复合木地板、地毯

平面设计提案

Before

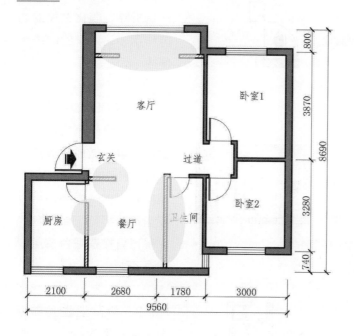

- 进门的玄关，画蛇添足，虽遮挡了部分餐厅空间，加强了私密性，但是却让回家动线复杂许多，增加了很多不必要的行走路程。

- 厨房与餐厅之间的隔墙限定了厨房的使用范围，也使餐厅空间比较拘谨，同时更是增加了从餐厅到厨房之间的行走路线。

After

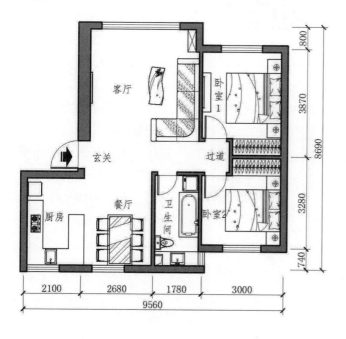

- 卫生间应业主要求要安放一个浴缸，但是宽度不够，长度正好。

- 客厅的面积太小，阳台的面积也不大，设置阳台有些鸡肋，两者之间如何取舍值得思考。

A 弱化玄关

1．将原本的入户玄关的墙拆除，简化玄关的功能作用，让入户的动线更便捷、宽阔。

B 餐厨一体

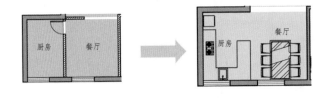

2．将原本的厨房与餐厅之间的隔断墙打掉，将厨房与餐厅做成开放的一体式，厨房做成U形厨房，朝向餐厅的一面橱柜可以既当备餐柜又可做吧台，早餐可直接在吧台享用，缩短了动线。

C 扩大空间

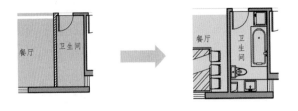

3．拆除卫生间靠近厨房那一侧的墙体，同时将卫生间向厨房方向偏移300mm，扩大卫生间横向宽度，以此放置更适合使用的洗漱器具。

D 化繁为简

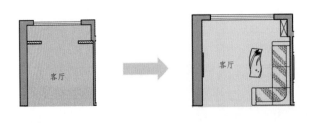

4．拆除客厅与阳台之间的隔断墙，将阳台纳入客厅之中，扩大客厅的使用面积，增强空间视觉自由感，使之形成一个比较流畅的行走动线。

上图：将原本的阳台空间合并入客厅之后，客厅的整体空间扩大了不少，同时统一色调能够有效地帮助延伸空间，无论是沙发还是地毯，均是统一的浅色系，这样在视觉感受上整个客厅空间就十分宽敞，如此一来动线无论如何设计都会十分畅达。

左图：厨房与餐厅打通后，空气流通也会更畅快，橱柜台面既可以放置日常使用的厨具，同时高度比较适宜，也可作为用餐吧台来使用。开放式的餐厨空间能够让人更快从厨房到达餐厅，动线更优化。

右图：卫生间的浴缸能够让劳累了一天的人舒舒服服地泡一个热水澡，地上的鹅卵石能够吸去大部分的水渍，防止摔倒。

第 3 章
习惯爱好与心理　活跃动线

3.1 各个空间的不同动线设置

对于每个室内空间的设计，要根据业主的个人生活习惯不同，从而给予不同的空间安排，这样即使是同一户型也会有不同的空间顺序，动线的设计也会随之不同。因此，在规划动线之前必须先了解这间房子中成员们的生活习惯，再根据这些做到量身定制的空间顺序的安排，打造符合居住者使用的顺畅动线。

以一进门的空间顺序举例来说，有些人习惯一进大门要有玄关做缓冲，再进到客厅；有些人碍于购买的坪数不大，因玄关会占掉空间，觉得一进来没有玄关比较好；有些人则喜欢一进门是吧台或厨房等等。再如书房，有些人喜欢开放式书房，可以跟公共空间有互动；有些人习惯书房是独立一间的，设置成隐秘空间的，不会被干扰；还有其他如对更衣室的需求，有些人喜欢放在主卧室里，但要规划于床与浴室的中间；有些人则喜欢主卧的更衣室要跟浴室分开来；甚至有些人希望将更衣室独立规划放在另外一个空间等等，因人而异。

3.1.1　入户空间

1. 有玄关VS没有玄关

右图：因为玄关会占掉约一坪的空间，因此十几到二十几平方米的小户型大都宁可不规划玄关。此时，玄关的作用可以用一个小小的斗柜或者挂钩代替。

左图：喜欢一进门要有玄关，大都是想要有内外之分，不要一进来就看到屋子的全部。玄关通常会做一些造型或挂画、摆放艺术品等，暗示主人的喜好，代表这间房子的个性。此外，要有玄关是希望一进门有地方收纳鞋子杂物，因此动线的特质是需转个弯才能进到客厅。

2. 入户为厨房VS入户为吧台VS入户餐厅

入户为厨房的户型大多是面积比较小的单身公寓，因为面积受到限制，所以单身公寓的功能划分得拥挤且充足，一般分为厨房、卫生间、卧室三大部分，所以一进门设置的就是占地面积相对来说比较小的厨房。动线的设置一般是穿过厨房到达卧室。

好客的业主家中常有三五好友来品酒小聚，在进门处设置了一个专门小酌的小吧台。门口的右边是一个可以收纳的卡座，让客人一进门就可以收纳鞋子，并在吧台与客厅之间规划出一条主动线，充分利用了每寸空间。

房屋的面积有限，玄关的功能被弱化，业主希望买菜回来就可直接放进厨房，因此就将餐厨布置在入口处，让一进门即可进入厨房处理购买回来的食材，搭配半开放的中岛厨房，可与客、餐厅做互动，递菜也方便，赋予主动线移动与机能双重目的。

　　厨房的动线设置是按照做饭的过程来安排的，从烹饪到准备饭菜上桌，人在这整个流程中的运动路线就是在厨房的动线，按照做饭的习惯一般先从冰箱里拿食材出来，然后清洗食材，再开始烹饪，最后上桌。

　　在烹饪的过程中必不可少的有以下几种设施

　　一般情况下，将储备、清洗和烹饪称为厨房的"铁三角"，厨房面积相同的情况下，这三个功能的分布不同，其距离也是有所区别的，过小会显得局促，过长会使人疲劳，因此要安排合理，

● I形厨房

　　对于狭长的厨房来说，一般紧靠一面墙来布局，也就是"I形厨房"，I形厨房的动线排成一条直线，布局设施排列简单，缺乏灵活性。I形厨房的顺序安排如何，决定了人在厨房的动线是否繁复。

左图：如果将冰箱与水池分别放置在 I 形橱柜的两端，取食材就要跨越整个厨房，使得原本简单的动线变得非常复杂。

右图：从左到右依次是冰箱、水槽、操作台与燃气灶，这些设施依次排列，人在烹饪时也就会从左到右行进，不用在两种设施之间往复，使得动线简洁明快。

● Ⅱ形厨房

房间粗短，或是想做成开放式的厨房可以尝试"Ⅱ形厨房"，Ⅱ形厨房的布局一般有两种，一种是紧贴两侧墙壁的布局，一种是一侧贴墙壁一侧位于空间之中的布局。Ⅱ形厨房相比于I形厨房缩短了各个功能区之间的直线距离。

左图：Ⅱ形厨房的布局相较于I形厨房来说，对于各个功能区之间的联系没有那么强硬，例如图中，取菜和洗菜之间虽然隔着一块切菜的空间，但是因为两者之间的距离不远所以动线并没有加长，加上燃气灶就在操作台的对面，所以这种动线安排也十分合理。

右图：这种Ⅱ形厨房的布局方式使得整个房间的动线设置十分灵活，这种动线的设置使得整个空间看起来十分宽敞大气。

● L形厨房

L形厨房其实是I形厨房的扩展板，以墙角为原点，向两边延伸就是L形厨房。L形厨房在布局上可以将燃气灶、工作台安排在一条轴线上，而冰箱和水槽在另一轴线上。

上图：L形厨房的设置一般都会比较合理，动线也是按照工作的流水线来设置，整个过程如行云流水一般通畅。

● U形厨房

U形布局可以体验到围合式给厨房带来的高效性，功能区环绕三面墙布置，可放置更多的厨房电器，从而节省很多行走的步数。

值得注意的是U形布局的两个转角使用起来较困难，因此可以在转角处使用旋转型抽屉，也可以在转角台面上摆放置物架等提高利用率。但要注意，U形布局对厨房的空间大小有要求，且相对柜子保持约1.2米的距离才合理。

左图：房间要想做 U 形厨房的布局，那么首先就要求厨房的空间够大，这样才能够让人在其间有足够的场地工作，动线才能够流畅。

右图：U 形布局的冰箱、水池和灶台形成一个正三角，烹饪起来非常方便。

● 中岛厨房

中岛厨房就是开放式的厨房，因为因其灵活性越来越受到大家的喜爱，但是值得注意的是岛式所需要空间较大，同时最宜为开敞式，如果厨房不够大则需将其与客厅之间打通，让整个空间的动线流动起来，中岛厨房可以说是左右厨房之中动线最灵活的一种厨房。

3.1.2 书房的不同规划

动线决定格局，格局又要看个性，根据皮纹分析（一种统计学），有一种分类将个性分为"专注型"与"一心多用型"。专注型一次只能做一件事，不能被干扰，适合独立式书房；一心多用型喜欢一次做很多事，适合开放式书房，一边使用电脑、一边看电视、小孩做功课等。

上图：开放式书房一般会与到客厅、餐厅等空间的动线共享整合在一起。

左图：独立式书房具有非常强的私密性，基本都是独立的空间，因此会处于次动线之上。

右图：为顾及所有家庭成员的需求，有一种做法是"混合型"，兼具开放与独立，例如在以玻璃隔间的开放式书房加装卷帘或窗帘，或者利用游艇五金设计成电动升降柜做隔间，空间既可开放、又可独立，让书房极具使用弹性，动线规划与独立式书房同属于次动线。

3.1.3 衣帽间的规划

现在的衣帽间已经不是大户型的专属，小户型照样可以拥有衣帽间。关于小户型的衣帽间，通常人们会在卧室到主卫之间隔离出一个穿过式衣帽间。拿衣服，洗澡，换衣服，出来，动线合理。

卧室附近的空间自然是衣帽间的最佳选择场所，不管是起床还是休息，都需要更换衣物，将衣帽间设置在卧室附近能够使动线设计更便宜。

另一种常见的办法是，将闲置空间改成衣帽间，或者是衣帽间与其他功能区的合并。比如闲置的书房，可以和衣帽间合并成书房衣帽间。卧室连着的主卫生间也可以改成衣帽间。如此一来多重动线合并，节省了大部分的空间。

除此之外，如果房间为开放式的，那么也可以用开放式衣帽间（也可以理解为开放式衣柜）来划分卧室和其他空间。让主次动线自动分开。

3.2 | 墙体拆除 空间开放

户型档案	
建筑面积：62m^2	
居住成员：一对新婚夫妇、一位老人	
室内格局：客餐厅、厨房、卫生间、卧室、阳台	
主要建材：复合地板、乳胶漆、文化砖、进口瓷砖、大理石板	

平面设计提案

<u>Before</u>

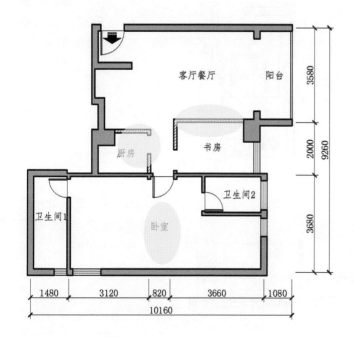

- 厨房面积狭窄，加上承重墙的突起部分，使得厨房空间更显局促。

- 两件卧室刚好够一家人生活，业主缺的反而是一间书房，书房与次卧室之间如何取舍全看业主如何决定。

<u>After</u>

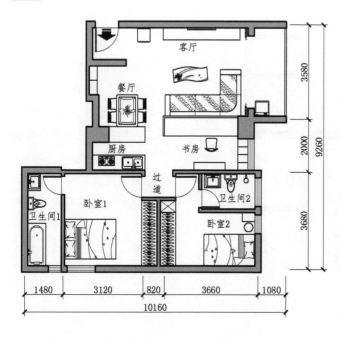

- 主卧室的面积过于宽敞了，且一间卧室之中有两间卫生间，规划十分不合理。

A 餐厨一体

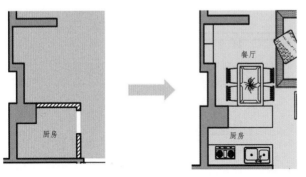

1. 拆除厨房两侧墙体，使之形成开放式格局，沿着墙体突起部分安装定制橱柜，Ⅱ形厨房的设置使得厨房的空间被完全充分利用，开放式的厨房使得原本拥挤局促的动线变得灵活多变。

B 书房开放

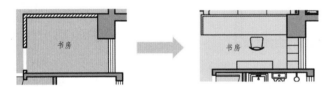

2. 拆除原次卧一侧的墙体，使之与客厅在视觉上成为一个既独立又统一的整体，既可以获得客厅的阳光，也能扩大客厅活动范围。因为是开放式的书房空间，所以它处于主动线上。

C 一室变二

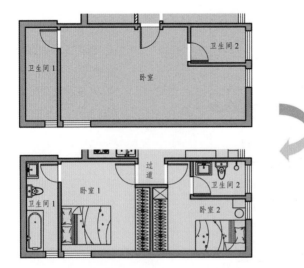

3. 移动卧室门洞的位置，并取其横向长度的中间值，在此处新建墙体，将原始卧室一分为二，恰好空间内左右两侧均有一间卫生间，刚好可以并入重新划分出来的卧室之中。这样不管是两方任何一方上洗手间都十分方便。动线的设置十分人性化。

左图：对于小厨房来说 II 形厨房是最完美的选择，沿着凸起的墙体安装的定制橱柜上安放了水槽，与对面橱柜的操作台和燃气灶形成了三角形的动线。餐桌与橱柜相贴，备餐、取餐方便快捷。

左图：书房书桌的背面恰好可以为客厅沙发提供支撑点，且在无形中将客厅和书房独立开来，但又不浪费任何空间，书房与客厅均以白色为主，色调干净且清新。客厅、餐厅、厨房、书房为全开放式，四个空间之间的动线相互穿插交流，动线活跃轻捷。

左图：因为业主对于房屋不是很注重待客的功能，所以卫生间配置给了两个卧室，这在一定程度上来说，大大方便了居住人员对厕所的需求。

3.3 | 合理改造　面积优化

户 型 档 案	建筑面积：62m²
	居住成员：一对新婚夫妇、一位老人
	室内格局：客餐厅、厨房、卫生间、卧室、阳台
	主要建材：复合地板、乳胶漆、文化砖、进口瓷砖、大理石板

平面设计提案

<u>Before</u>　　　　　　　　　　　　　　　　<u>After</u>

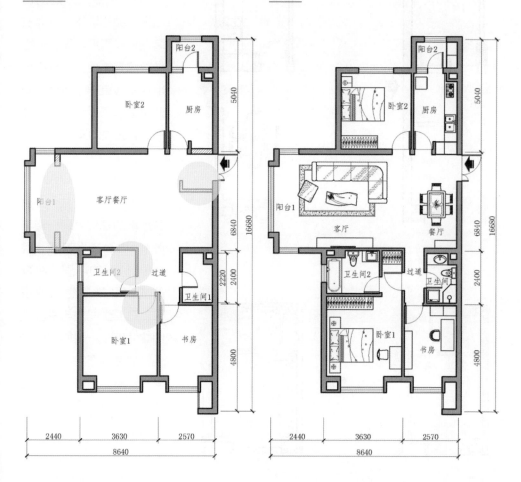

- 入户玄关墙的设置虽在一定程度上方便了业主的出入，但是却也加长了从厨房到餐厅的动线距离。
- 客厅原本的面积不大，阳台的面积也十分狭长，不管是两个空间的哪一个人处于其中都显得十分局促。
- 两个卫生间都处于公共区域，没有设置私人领域的卫生间。

A 化繁为简

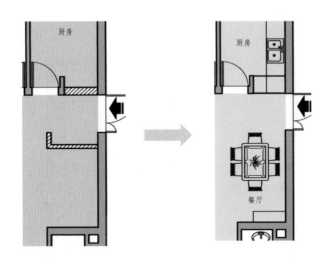

1．拆除入户处厨房门洞一侧的墙体，一面安装嵌入式厨房电器，一面做隐藏玄关柜，这样不仅能让厨房更干净清爽，同时也弥补了拆除玄关墙之后没有玄关的窘境。

B 优化动线

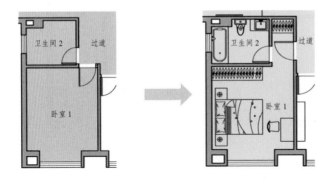

2．在原卫生间2靠客厅墙的基础上砌一道与卧室1墙面齐平的墙，拆除原卧室1的门洞，将其改成主卧带卫生间的格局。在卫生间门与主卧室门之间安装一排定制衣柜，放置常穿的衣服，这样从洗漱到更衣出门的动线一呵而就，无须再绕回室内。

C 合二为一

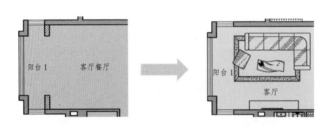

3．拆除阳台门洞处的墙体，扩大客厅使用面积，强化采光率。

左图：嵌入式厨房的优点非常多，除了能节省空间、易于清理之外，最重要的就是方便灵活，这使得整个厨房的动线也会显得干净利落。入户的玄关也被嵌入墙体做成隐形玄关柜，功能不减，但是空间却更大了。

右图：客厅与餐厅因为拆去了多余的墙体，所以整个空间都被扩大，动线也更加流畅、灵活。

左图：将卫生间纳入主卧之后，主卧的空间反而更富裕，增加的衣柜更是使动线更畅达。

右图：私密空间的卫生间沐浴工具可以选择浴缸，劳累一天后泡个澡是个不错的选择。

3.4 | 合理拆除　按需分隔

户	建筑面积：89m²
型	居住成员：一对中年夫妇、一只狗、一只猫
档	室内格局：客厅、餐厨、卫生间、卧室、衣帽间、书房、阳台
案	主要建材：复合地板、乳胶漆、仿大理石瓷砖、大理石板、花岗岩、纤维板

平面设计提案

Before

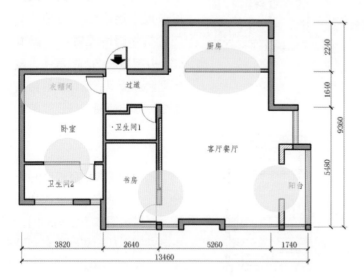

- 厨房空间较大，餐厅的面积较大，厨房到餐厅之间的动线较长。

- 卧室的面积较大，如何更加合理地利用好卧室的空间是这所房子的重点，主卧卫生间的设置还不错，但是还有优化空间。

After

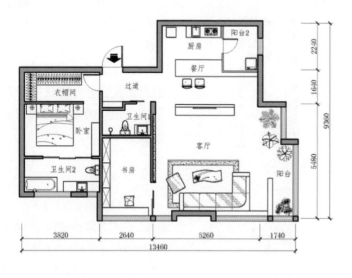

- 书房靠近客厅这一侧的墙可以得到更好地利用，但是普通的平开门不好做效果。

- 业主需要的是花园阳台，因此封闭的阳台不是最好的选择。

A 空间转换

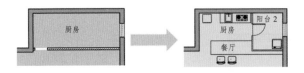

1．将原本厨房的一部分更改成生活阳台，空间一变二，拆除厨房靠餐厅一侧墙体，并将餐厅纳入厨房中，设置吧台式餐桌。饭菜做好直接上桌，方便快捷，动线简单。

B 丰富功能

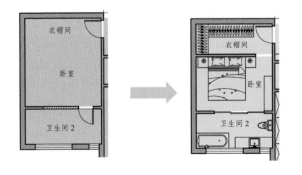

2．将原本卧室的空间一分为二，将卧室入口处改为衣帽间，扩大原本卫生间的门，主卧空间中从起床到洗漱到更衣，动线流畅便捷。

C 变废为宝

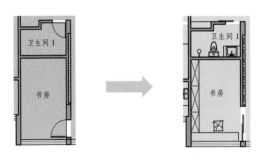

3．拆除书房靠近客厅一侧的墙体，并新建厚度为120mm的墙体，墙体外侧设置满墙储物隔板，储物墙能够增强储物空间。改变书房开门，安装更方便的双开玻璃推拉门。

D 都市田园

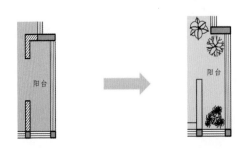

4．打掉原始阳台的一半墙体，将花园阳台的空间纳入客厅之中，让绿色走入室内。将阳台纳入客厅之后，客厅的整体面积都明显被扩大，动线更加流畅通达。

左图：将原本的大卧室改成衣帽间加卧室的形式，虽然卧室的空间变小了，但是就动线安排的方面来说却更加方便了，将原来的卫生间小平开门改成玻璃平开门之后，卧室的采光也更好，动线更流畅。

右图：有了储物柜，增强了储物空间之后，室内变得更干净整洁，隐形玻璃平开门的设置更是让空间的一体感更强。

左图：吧台式餐桌的设置不仅缩短了上菜的动线长度，同时也增强了交流空间。

右图：将原本的封闭式家务阳台改成开放式花园阳台之后，不仅使动线更灵动，同时也让业主享受处于都市中的悠闲田园生活。

3.5 | 按需划分　艺术创造

户 型 档 案	建筑面积：91m²
	居住成员：一对夫妇、一个儿子、一只狗
	室内格局：客厅、餐厅、厨房、卫生间、卧室、衣帽间、书房、阳台、储物间
	主要建材：实木地板、乳胶漆、墙面砖、纤维板、硅藻泥、雾面玻璃

平面设计提案

<u>Before</u>

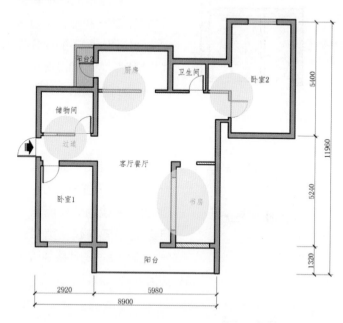

- 储物间的面积不大但是也不小，作为卧室使用，没有窗子太过昏暗，作为储物间使用又白白浪费了一块面积不小的空间。

- 厨房的空间非常富裕，但是因为门洞的位置的设置，所以只能做成 I 形厨房，浪费了厨房空间。

<u>After</u>

- 卧室与卫生间之间的一块空位，安装定制衣柜太狭窄，不划算，这里是这套户型的重点考虑区域，如何调整才能更好地利用整个卧室空间是重点。

- 书房的位置与空间的大小都非常理想，但是值得注意的一点是，书房作为读书工作的地方对光线要求较高，但是这块书房的位置却没有窗户。

A 一分为二

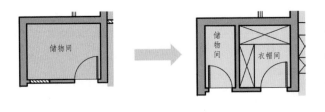

1. 将原本的储物间一分为二，留一小部分作为储物空间使用，剩下的部分改成衣帽间，衣帽间设置在入户处，方便进出门更换衣物，动线设计合理。

B 性能优化

2. 拆除厨房靠近餐厅一侧墙体，设置成吧台。将I形厨房更改为Ⅱ形厨房，打通的厨房看起来宽敞大气，整个空间的动线更流畅灵活。

C 丰富功能

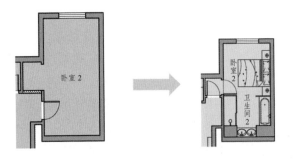

3. 更改原卧室2的门洞开门方向，将原本的门洞位置砌墙，并在卧室2中新建墙体，设置干湿分区卫生间，这样缩短了动线。

D 引光入户

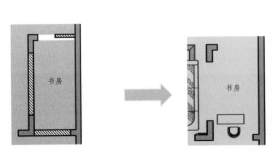

4. 拆除书房靠近客厅一侧的非承重墙，书房内设置简单的书桌，在视觉上使客厅与书房成为一个整体，后期还可依据需要额外添加柜体。书房不仅增加了采光，同时也跟客厅、餐厨的空间共处一条主动线上。

左图：将原本的墙体打掉之后，取而代之的餐吧作用更丰富，不仅能够与朋友一起品酒畅谈，同时简单的早餐也可以就地解决，不用再到餐厅解决，浪费时间和精力。

右图：将原本的卧室入口进行调整之后得到了面积不小的主卧卫生间，早期的洗漱动线也就更简便了。

上图：将原本的独立式书房改成开放式书房，完全改善了原书房无窗的窘境，开放式的书房能够得到大面积的采光，同时书房、客厅、餐厨这一整个开放性的空间让本就面积不小的房间显得更宽阔。各个功能之间的连接动线因此也就显得更灵便了。

3.6 │ 缩放自如　有主有次

户型档案	
建筑面积：57m²	
居住成员：一对夫妇、一个女儿	
室内格局：客餐厅、厨房、卫生间、卧室、阳台	
主要建材：复合木地板、乳胶漆、纤维板、壁纸、镜面玻璃、钢化玻璃	

平面设计提案

Before

- 玄关墙的设置，中断了厨房到餐厅的最短动线，迫使从厨房到餐厅不得不绕一圈。

- 餐厅与客厅之间为了分隔墙体，不仅使得两边空间更显拥挤，同时更是让动线的设计更复杂。

- 客厅与卧室2之间的墙体，当作沙发背景墙还是电视背景墙都很短，效果不佳。

After

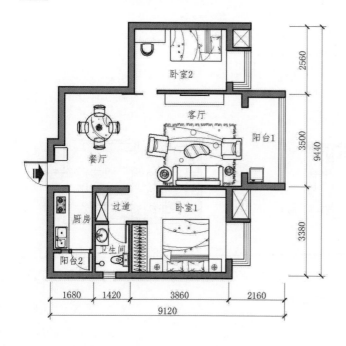

- 卫生间的面积较大，相对来说卧室1的面积就显得有些狭窄了，主次关系不明晰。

A 以简驭繁

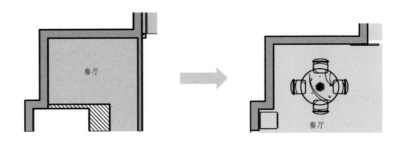

拆除玄关墙，仅以一个小的玄关柜代替玄关强的作用，同时拆除原餐厅与客厅之间的隔断墙，做成全开放式餐厅，这样的客餐厅布置会显得空间稍大些，同时不论是从餐厅到厨房还是从厨房到餐厅的动线都变得更简便了。

B 点睛之笔

拆除卧室2的门洞，并预留出长度为900mm的门洞，安装长为800mm，厚度为40mm的单扇推拉门，增强卧室功能性。

C 独树一帜

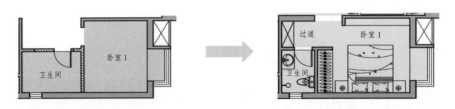

拆除卫生间靠近过道一侧的墙体，缩减了卫生间的面积，宽度由原来的2400mm改为1300mm，将缩减下来的空间并入卧室1中，设立衣帽间。卧室1的门洞被拆掉，做成半开放式的卧室空间。

上图：将卫生间的面积缩小之后，卧室就有足够的空间安置一个衣柜，开放式的卧室空间与公共区域的动线连接更紧密。

左图：卧室 1 与客厅之间使用玻璃进行部分隔断的方式十分少见，这种形式可以说是十分别出心裁了。将卧室 2 原本的传统平开门换成隐形的轨道推拉门，关闭时就是挂在墙上的一幅画，与整个空间形成一体式。当卧室 2 的门打开时，空间内的主动线与次动线无缝连接，流畅通达。

右图：将餐厅的隔墙拆掉之后整个餐厅空间扩大，这种空间就非常适合摆放圆形餐桌。

3.7 | 拆除墙体 变换结构

户型档案	
建筑面积：71m²	
居住成员：一对夫妇、一个儿子、一只猫	
室内格局：客厅、厨房、卫生间、卧室、书房、阳台	
主要建材：复合木地板、乳胶漆、仿大理石砖、饰面板、仿花岗岩地砖、镜面玻璃	

平面设计提案

<u>Before</u>

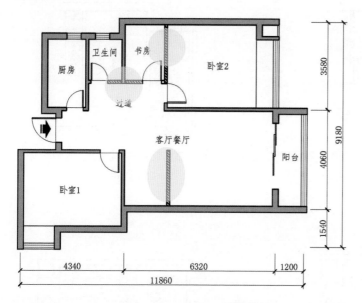

- 卫生间面积太小，但是卫生间外面的走廊空间比较大，利用好走廊的空间能够使房间的功能性更强。

- 卧室2的空间总地来说还不错，但是还不够完美，书房的面积太小，存储的书架摆放的位置有限。

<u>After</u>

- 餐厅与客厅之间有一道隔墙，限制了餐厅的空间，同时阻碍了阳光的照射，如果不加以修改，那么整个餐厅将长期处于昏暗的环境之中。

A 以小见大

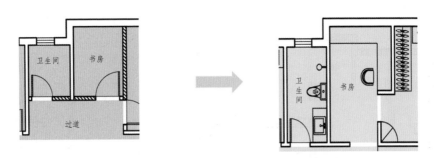

　　拆除卫生间靠过道一侧的墙体，加长原卫生间与书房之间的墙体至与厨房墙体齐平，如此就将原过道的面积纳入卫生间之中，扩大了卫生间的使用面积。

B 合二为一

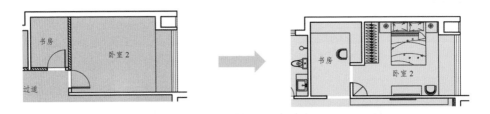

　　拆除书房靠近过道处的墙体，拆除书房门洞，使书房形成开放格局。拆除书房和卧室2共用的墙体，并在合适位置新建一段L形的墙体，其长边长度为1880mm，短边长度为500mm，以此分隔卧室2和书房。如此不仅合理利用了过道的面积，更使书房与卧室2处于同一动线之上。

C 引光入户

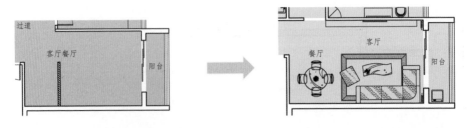

　　拆除客厅与餐厅之间的墙体，做成客餐厅一体，这样不仅增强了餐厅的采光，同时一条主动线更是串联了这两个区域。

左图：将原本客厅与餐厅之间的墙体拆除之后，这个整体的空间看起来更加通透了，一条主动线从入户直通阳台，而正好在主动线上的餐厅和客厅之间的沟通也更加方便。

左图：将书房与卧室空间进行整合之后，两者之间的动线联系明显密切了起来，半开放式的书房的动线使用起来极具弹性，卧室虽然也是半开放式的，但是有了书房的缓冲让它既开放又隐秘。

左图：定制柜体现在已经成为主流，不论家庭的结构如何复杂，经过精心设计就能够更好地利用好每一块空间。

第 4 章

打破藩篱多变化　动线机变

4.1 ｜ 墙体与门

　　墙是界定动线、也是引导动线的基本元素。加一道墙，就可为没有玄关的格局创造出玄关，引导一进门的行走动线，若延着新砌的墙增设柜子，更可增加收纳空间。只要在对的地方减一道墙，就可巧妙将绕来绕去的动线，变得顺畅明快。然而到底该在哪里加一道墙或者拆哪一道墙，并不是随意决定的，做到以下几点，就可以在适当的位置，活用墙的加减法来更改格局，以期为空间打造最流畅的动线。

4.1.1　考虑业主需求

　　业主的需求通常与居住成员、生活习惯有关，墙面的增减要依循业主的需求去做。例如原本三间房的格局，居住成员是一家三口的小家庭，就可以依据业主需求拆除一个房间的一道墙，将其调整为开放式书房或者其他功能的房间，同时这间房又可兼具客房的功能，同时满足多元化的需求。再如本来只有两房的格局，但一家有五口需要三间房间才够住，此时就需要在适当的地方加一道墙隔出三房，才能真正符合业主的需求。

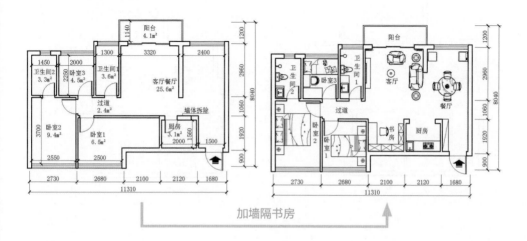

加墙隔书房

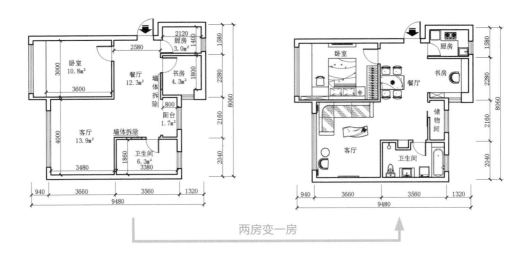

两房变一房

4.1.2 观察周边环境

　　除了需求机能外，新砌或拆除一道墙，也会跟周边环境有很大的关系，其中又以光、气流与景最重要，这也是规划格局与动线时首要注重的三大要素。

　　当某个空间的光线不够，抑或通风不良，就首先拆除那道阻挡光与风进来的隔间墙，借以引进光线与气流进到那个空间。又如面对公园或位居高楼层，有美丽的视野，就可以减墙来放大空间的视野，纳景入室；抑或加墙框住景色只属于某个空间。而房子周遭的环境，关乎墙的所在位置，因此只有仔细观察周边环境，才能找出在那儿加墙或减墙。

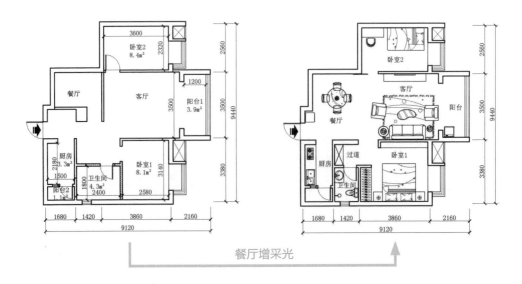

餐厅增采光

4.1.3　注重空间整体

有些房屋的格局因开发商只考虑到容积率，没考虑到使用性，因此衍生出空间配置不合理的状况。例如厨房与餐厅相隔很远，使用起来很不方便，就可以通过拆除隔间墙与移动墙的位置，重新调整格局，将客、餐厅与厨房整合在一起，生活机能才会实用、动线也才能串联。再如常见的电梯大楼住宅，一进门没有玄关，又不能把鞋子放在门口，因此就需加墙、加柜，创造出玄关及收纳鞋子的功能，或者还可设计一堵造型墙，给予玄关视觉端景。

空间是人在生存生活中所不可或缺的元素，因此在进行动线规划时不仅要考虑到现在居住成员的需求，同时还要预先设想到未来家庭成员的增加或减少、成员的年龄成长所带来的变化，以及以后可能转卖给其他人等因素，同时也要为未来可能发生的各种格局变化提前预留好未来的动线与墙。

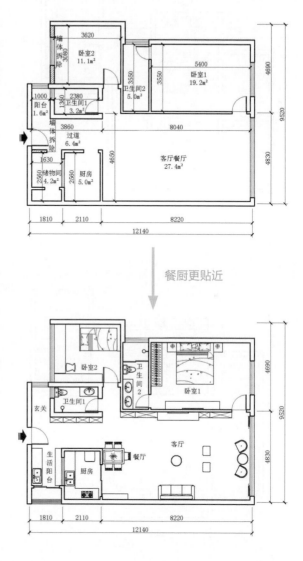

例如现在的家庭成员较多，房间的需求也较多，但未来小孩长大成人各自嫁娶后有的会搬离，那么到时房间的数量就必定会减少，此时就可以让房间变大，住起来也会更为舒适。反之亦然，可能现在仅是一家三口的小康之家，但是随着时间的推移，未来这个家庭可能会住进五个人、六个人，这时预留的空间就可以增加房间的动线与墙。

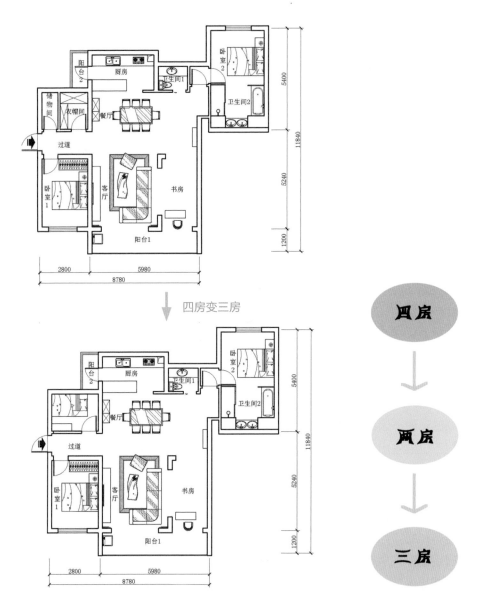

四房变三房

这套房子面积够大，原本是四房，不过有两间房的采光效果不是很好，一家三口人居住，所以就将其中两间房改成衣帽间和书房，这样不仅满足起居需求，同时还增加了房屋的采光与空间感。

等到未来家里的人口增加，就可以将原本的衣帽间和书房经过改造还原成一间或两间卧室，轻松满足未来人口增加的需要。

门的样式与打开方法，就决定了室内动线的方向，不同的空间大小适合不同样式的门。一个空间与另一个空间要如何做好过渡，也需要挑选合适的门。

平开门

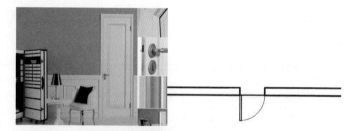

交叠式推拉门

面板式推拉门

内藏式推拉门

谷仓门

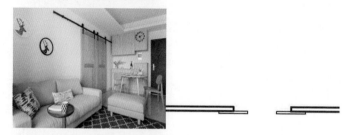

折叠门

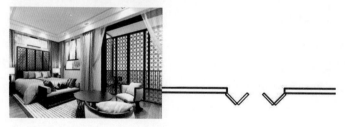

当开门的那一刻，就决定了要往哪个方向走，可见门的开法对动线的影响是多么的重要。

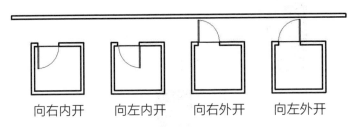

向右内开　　向左内开　　向右外开　　向左外开

很少有人想过，同样一扇单开门，却有向左外开、向右外开，以及向左内开、向右内开等4种方式，究竟应该选择哪一种开法，必须考虑到空间周遭环境、配置，以及人的动作。甚至是开关的位置，才能知道门到底要怎么开，创造方便、舒适的动线。

以房间门为例，大多数人想将房间门内开的原因是一般的房间大都有窗户，门若向内开，房间的气流就会顺势把门抵着，比较好关，也会持续关着；若房门向外开，房间有气流就有可能会把门推开。至于门又该往哪边开，顺着墙的方向开，能呈现扇形的方向性，提供多元方向让人行走，可以选择90度沿着墙直走、也可以选择45度角往右或往左走。但若门不是顺着墙开，一开门无形中在你眼前就会有一道走廊，限制你的方向，只能往前直走，更浪费空间。

门靠墙开：

门不必全开，即可进入，动线的走向是多方向性的，不拘于一种。

门不靠墙开：

要完全开启房门人才能进入，无形之中增加了动线长度。

朝外顺墙开：

门向外开时，沿着墙向外开的开法较能顺畅且感觉宽敞地走出去。

朝外不顺墙开：

门向外开时，若不是顺墙而开，而是往另一边的开法，开门走出去时会有先撞到墙的感觉。

4.2 | 墙体挪动　创造分区

户型档案	建筑面积：78m²
	居住成员：一对夫妇、一个女儿
	室内格局：客餐厅、厨房、卫生间、卧室、阳台、书房
	主要建材：复合地板、防滑地砖、乳胶漆、纤维板、烤漆板

平面设计提案

Before

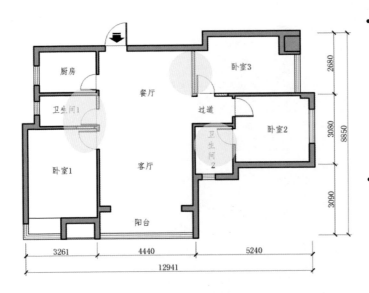

- 卫生间1的面积还比较大，没有做干湿分离有点可惜，做到干湿分离能够更合理地利用空间与动线。

After

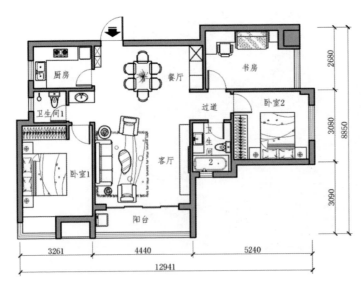

- 客厅原本的面积就不大，卧室1的开门方向虽然与主动线比较接近，但是却让客厅的设计陷入窘境。卧室1的门的位置不论是做沙发背景墙还是电视背景墙都显得有些短。

- 书房的空间显得有些零碎，边角空间不好利用。

- 卫生间2迁出卧室2，作为独立卫生间，这样将两房变为三房之后，卫生间刚好够用。

A 更改朝向

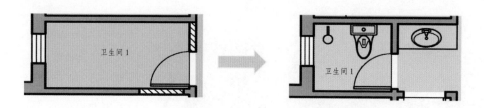

　　将原本的卫生间1做成干湿分离式卫生间，改变原卧室1的开门方位，将原本朝向客厅方位的门改成朝向卫生间干区。虽然只是小小地改变了门的方位，但是不仅扩大了客厅的使用面积，同时也使早起的动线更便捷。

B 化零为整

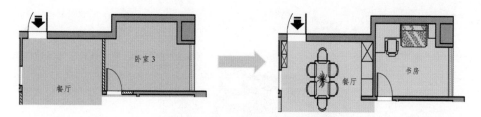

　　将卧室3靠近客餐厅一侧的墙体向卧室窗户方向挪动600mm。原本零碎的空间就整体起来了。这样，当作书房的房间后期如果再改成居住空间也很好布置。

C 变私为公

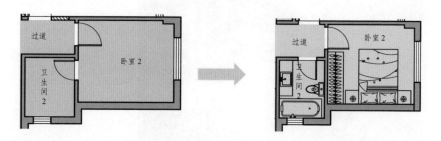

　　拆除卧室3门洞及其周边墙体，在靠近卧室2门洞的位置新建宽为800mm的门洞，开门方向朝向卧室3。调整卫生间的门洞位置之后，卧室2也有了足够的空间来布置衣柜，同时卫生间2作为独立卫生间之后，后期如果房屋的构成发生了变化也能够从容应对。

左图：将原本的卧室1的朝向稍做更改之后，沙发背景墙的位置宽敞了许多，同时从视觉上来讲，整个客厅的空间也更加一体化。将卫生间做了干湿分离之后，使用起来也更加方便，同时动线的行进方向也更加合理。

左图：玄关被小小的玄关柜代替了功能，开放的餐厅空间更大、更明亮。厨房与餐厅刚好处于主动线的两边，因此两者之间联系起来更加便捷。

左图：将原本零碎的空间重新划分之后，书房也就更好做布局了，因为后面书房的属性可能会改变，书房内可以选择更具灵活性的置物架，可以改变形状，后期置物架也可以放置到别的房间。置物架下可以放置休憩用的沙发，这样也能节约空间。

4.3 | 异形空间 美化家居

户型档案	建筑面积：127m²
	居住成员：一对中年夫妇
	室内格局：客厅、餐厨、卫生间、卧室、阳台、衣帽间、储物间
	主要建材：复合地板、乳胶漆、纤维板、烤漆板、马赛克墙砖

平面设计提案

Before

- 入户玄关面积较小，安装定制玄关柜之后玄关区域可以活动的面积就比较狭窄。

- 私密空间的区域划分十分杂乱，各种凹进和凸出的墙体随处可见，每个区域之间的动线连接显得十分杂乱。

- 储物间将餐厨区域划分成了餐厅和厨房，但是客厅和餐厅之间的区域却因为储物间的存在所以有较宽的一段分隔空间，浪费了室内可利用面积。

- 衣帽间和主卧之间是两个独立存在的空间，不论如何规划，从主卧到衣帽间之间的动线都是非常繁复的。因为之后这个家庭不会再增添人口，所以没有必要专门留出一个弹性空间来。

After

A 异形空间

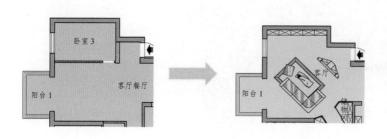

　　1．拆除卧室3门洞两侧墙体，将卧室3纳入客厅中，增加客厅的面积。简化玄关存在感，入户的动线空间更大。

B 餐厨一体

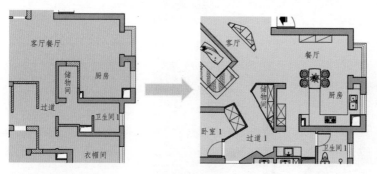

　　2．拆除储物间靠近厨房两侧的墙体，在此处设立斜向梯形储物空间。

　　3．拆除卧室1门洞一侧与门洞旁墙体，并设计斜向内凹空间，放置衣柜。

C 规整静区

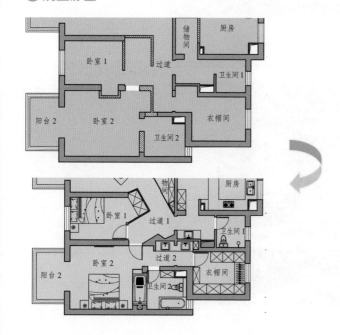

　　4．拆除卧室1和卧室2之间的内凹空间，规整卧室2的内部结构。拆除卧室2与卫生间2之间的墙体，并改变卫生间开门方向。拆除卧室2门洞处和过道旁的墙体，在卧室2门洞旁新建墙体。

左图：拆掉厨房原本与储物间之间的墙之后，厨房就可以采用U形布局，这不仅能给使用者更好的厨房体验，还可以多放置一些物品，同时较短的动线也能节省更多的步数。新砌的储物间墙体是安放嵌入式厨房家电的最好选择。

左图：将原本卧室与衣帽间之间的墙体拆掉，将两个空间合并之后，早起上班的动线就变得非常明快高效了。同时因为对原本凹凸不平的墙体进行了修改，所以整个卧室空间看起来更干净利落了。

左图：将原本的入户处的卧室扩到客厅之后，客厅的可使用面积大大增加，电视墙不仅具有书柜的作用，同时面向玄关一侧也可以充当玄关柜，一物三用。这种布局方式能够让人更自由地选择自己的行进动线。

4.4 | 巧妙拆除　提高采光

户 型 档 案	建筑面积：66m²
	居住成员：一对夫妇、一个儿子
	室内格局：客厅、餐厨、卫生间、卧室
	主要建材：复合地板、乳胶漆、磨砂墙砖、仿大理石板、颗粒板

平面设计提案

Before

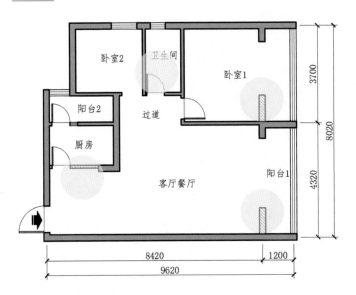

- 厨房的空间太小，若厨房与餐厅分成两个空间，为了不遮挡过道的空间，餐厅就得安置在靠客厅一侧，这样，餐厅和厨房两个空间之间的动线就显得过长。

- 客厅的空间虽然不小，但是业主还是希望能够充分利用所有空间，同时对于阳台业主并没有做太多要求，所以可以适当地将阳台的功能缩小。

After

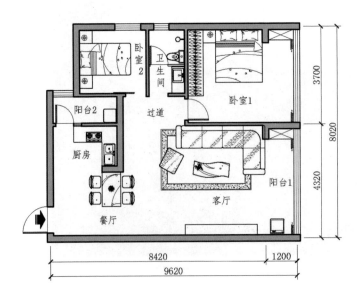

- 卫生间的面积不是很小，因此可以有充分的空间将其做成干湿分离的形式。

- 主卧因为阳台占去了一定的空间，所以卧室内休息的空间就比较小。

A 餐厨一体

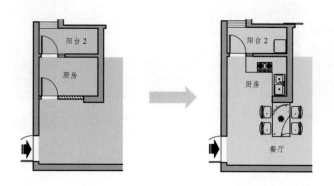

1．拆除厨房门洞及其周边墙体，仅留下长为600mm，厚度为240mm的承重墙，餐桌可以跟厨房的橱柜一起定制，做成餐厨一体的格局，这样不仅解决了餐厨之间隔得太远的问题，同时也没有使入户空间变得狭窄。

B 空间放大

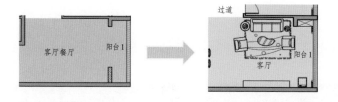

2．拆除原本客厅与阳台之间的一处隔断，将阳台纳入客厅里，增加客厅的可使用面积。

C 增强储物

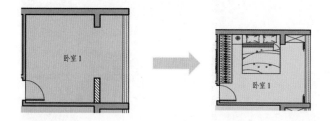

3．拆除卧室与阳台之间的一处隔断，并在另一侧安装定制储物柜，扩大卧室的可使用面积以及储物空间。

D 干湿分离

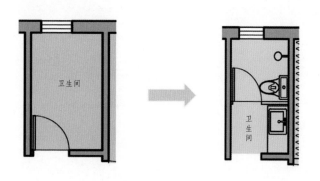

4．拆除卫生间门洞周边部分墙体，仅留下门洞右侧长为650mm的墙体，为干湿分区提供隔断。同时在淋浴区安装平开门，以保证基本的隐私安全。干湿分区的面积可根据选择的洗面池尺寸而改变。

上图：厨房的面积很小，做成开放式之后，虽然操作面积并没有变大，但是就视觉感官上来说却会显得更宽敞。餐桌与橱柜是一体式的，虽然这样后期更换不方便，但是十分节省空间。这种餐厨一体的形式不管是就主动线还是次动线来说人在其中行走都方便了许多。

左图：将原本阳台的功能删去之后，虽然没有了娱乐功能，但是休息的空间却更宽敞，同时也增加了不小的储物空间。

右图：卫生间做成干湿分立形式的还是比较好的，一方面来说是比较干净，另一方面来说早晨洗漱和如厕的动线两者之间互不干扰。

4.5 门洞拆除　价值升华

户型档案	建筑面积：136m²
	居住成员：一对夫妇、一对儿女、一只猫
	室内格局：客餐厅、厨房、阳台、卫生间、卧室、书房
	主要建材：防滑地砖、进口墙面砖、乳胶漆、镜面玻璃、实木地板、纤维板

平面设计提案

Before

- 餐厅厨房的面积都不小，两个空间的采光也非常充足，不拆掉两者之间的墙也可以，但是这样两个空间之间的动线连接就比较死板不灵活。

- 厨房的空间比较狭长，采用平开门会比较浪费空间，同时对空间的利用率也没有那么高。

- 房间的面积比较大，是四室一厅的格局，根据业主家的人口来说三室一厅完全够用，所以多余的一间空房可以给予它别的功能。

After

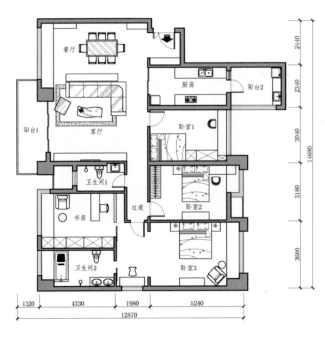

- 卧室3作为主卧来说面积不小了，但是门洞的位置如果能重新调整那么能使得这个格局更人性化。

A 空间共享

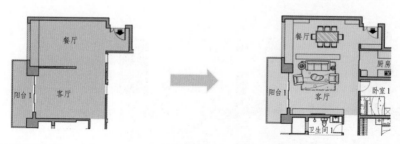

　　拆除客厅与餐厅之间的墙体，以备餐柜代替墙体做两者之间的空间分隔，如此一来本就宽敞的客餐厅空间就显得更加宽敞明亮，动线更加灵活流畅。

B 无中生有

　　拆除厨房门洞及其周边非承重墙，并安装两扇长为750mm，厚度为40mm的玻璃移门。在新门洞旁新建一段长为400mm，厚度为120mm的墙体，作为鞋柜的侧面支撑墙体。如此一来就解决了没有玄关的窘境，进门动线也合理起来。

C 以小见大

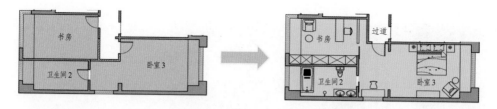

　　更改卧室3的门洞位置，将书房并入卧室3中，并改变其开门方向，在书房内部安装长为800mm，厚度为40mm的玻璃移门，以此增强室内通风。格局调整之后的卧室空间不仅可使用面积变大了，同时不论是从卧室卫生间还是从卧室到书房的动线都变得非常简洁了。

左图：客厅和餐厅两个空间原本也不小，同时采光也非常好，两个朝南的大窗子能给予室内最充分的阳光。但是将两个空间打通之后可以明显地看出整个空间更加大气，加上皮质的沙发，一种高档的气息扑面而来。

左图：餐厅与客厅之间用一组定制的柜子隔开，这组柜子既可以充当收纳柜，也可以当作备餐台，一物多用。餐厅与客厅之间因为没有墙体做阻挡，所以这两者之间的动线就更加随意灵活。

左图：书房因为安装了面积较大的书柜，所以整个空间看起来比较狭长，用大面积的镜面玻璃来做装饰，能扩展横向视觉上的空间感，同时灯光通过镜面反射，也使得室内更明亮。

4.6 | 开放分区　方便使用

户 型 档 案	建筑面积：85m^2
	居住成员：一对夫妇、两个儿子
	室内格局：客厅、餐厅、厨房、卫生间、卧室、书房
	主要建材：复合地板、防滑地砖、饰面板、纤维板

平面设计提案

Before

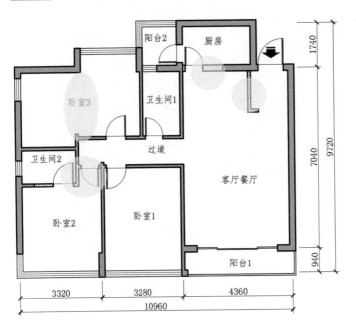

- 入户的玄关墙限制了餐厅的空间，虽然玄关墙的设置使得进出门更加方便，但是却使得视野非常狭窄。同时早晨出门比较匆忙，而玄关墙的设置却平白会让人多绕一小段路，动线设计不合理。

- 厨房的空间不大，平开门的设计平白占用了一块地方，同时又与阳台门重合，使用起来非常不方便。

After

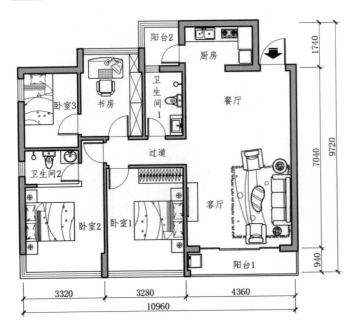

- 卧室3的空间非常大，甚至比主卧还大，这个空间可以进行充分的利用，是做书房还是衣帽间，这要看业主的需求。

- 卧室2的卫生间门的朝向非常不合适，这种朝向让这个空间没法安装衣柜。

A 拆除墙体

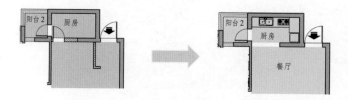

拆除入户玄关墙，拆除厨房门洞以及门洞旁的非承重墙，依据需要安装推拉门。不必要的墙体拆除之后餐厨空间显得更简洁明快了，而玄关的功能则收进墙里。

B 变一为二

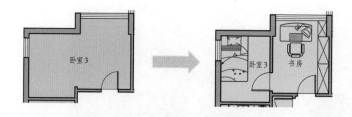

在卧室3中，以突出的一段墙体为基准，砌一道墙将卧室3分为两个空间，因为这间房是给业主在读书的大儿子使用，所以就将其中一个空间设置成书房。如此一来书房与卧室之间的动线就被缩到最短，保证了业主大儿子的学习空间。

C 门洞更改

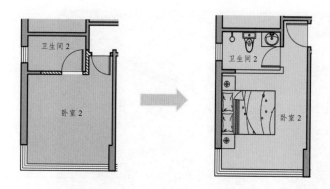

将一小部分走道的空间收到卧室2之中，更改卧室2的开门方向，如此一来卫生间2的门的朝向也可以更改，这样就有足够的空间安放一个衣柜了。

左图：拆除玄关墙之后，不止是餐厅的空间更开阔，同时整个客厅与餐厅之间的空间也更大气，而这两者又都处于主动线上，因此联系起来也更便捷。厨房的平开门被隐形推拉门所代替，阳台与厨房门之间再也不用害怕相互遮挡了。

左图：书房所采用的是定制书柜，这种书柜在后期就不好拆除了。这是因为这间房子的格局不会变，如此一来这间房子在哥哥用完之后还可以给弟弟用。

左图：卧室2的门在改变之后，除了使得卧室的面积增大了之外，整个动线的设置也发生了改变。从床到衣柜到卫生间是一条顺畅的早起动线。

4.7 | 平衡分区 完善住宅

户	建筑面积：81m²
型	居住成员：一对夫妇、一个女儿
档	室内格局：客厅、餐厨、卫生间、卧室、书房、阳台
案	主要建材：进口地砖、进口墙面砖、地毯、墙布、饰面板、石膏板

平面设计提案

<u>Before</u>

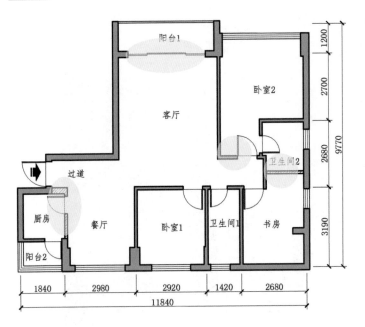

<u>After</u>

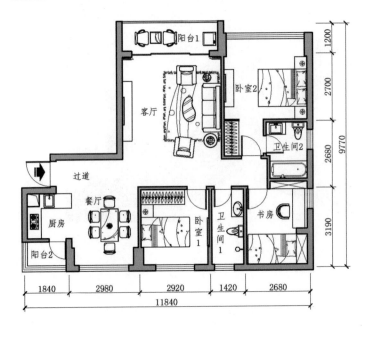

- 厨房的面积太小，同时又因为厨房的门的位置导致这间小小的厨房只能做一个 I 形橱柜，对于本就狭小的厨房来说又不能够完全利用好每一寸空间。

- 阳台与客厅之间的推拉门留出的门洞空间太狭窄，对于没有其他窗户的客厅来说，如此设置阳光会照射不进来，同时过小的门洞会让人觉得整个空间都非常狭窄，不大气。

- 卫生间2的空间不大，如果安装淋浴间就还刚好，但是业主却希望有一个浴缸，这对于这间小卫生间来说就显得有些勉强，只有扩大卫生间的空间才能做到。

A 墙体拆除

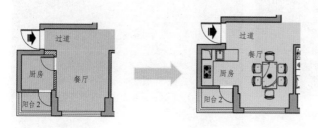

1．拆除厨房周边局部墙体，形成半开放式厨房。拆除厨房的墙体，做成开放式餐厨一体的空间之后，因为没有了各种阻挡，所以厨房的可操作面积就变得宽敞了许多，同时厨房与餐厅之间的动线也更简便了。

B 门洞扩大

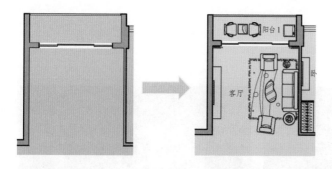

2．将原本的阳台与客厅之间的门洞扩大一倍，这样就有足够的空间让阳光照射进客厅之中。同时这种大面积的玻璃门在视觉上能够有让空间扩大的作用。

C 区域划分

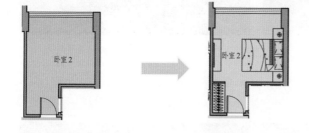

3．在距离卧室2中制作长为600mm的墙体，以此来分离卧室与走道区。分隔的空间刚好安装一个定制衣柜，在卫生间外面的定制衣柜刚好处于早起的次动线上。

D 以小见大

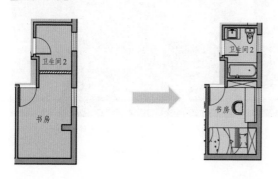

4．拆除书房与卫生间2之间共用的墙体，并在距离卫生间2内侧横向墙体2260mm处新建一段墙体，以此扩大卫生间2的内部面积。

左图：将原本的厨房与餐厅空间打通之后，采光效果更好，同时两个空间的面积也显得更宽松，去掉墙体的遮挡之后两个空间之间的动线也变得简短了。

右图：厨房做成开放式的空间之后，可以选择 L 形的厨房。可伸缩的吧台不仅能够接待好友，同时也是解决早餐的好地点，吃完直接出门，动线不用再绕来绕去。

左图：将原本的小阳台门洞扩大，再换上玻璃推拉门之后，采光面积肉眼可见地放大了。

右图：书房内设置一张小床，不仅看书累了可以休憩一会，而且这个空间还可以当客房。

上图：门口的衣柜将整个卧室空间分成了两个部分，这样看起来两个空间都规整了不少，将衣柜安置在卫生间的门口，这样洗漱完可直接换衣上班或休息，动线方便快捷。

第 5 章

动线引导多样化　空间不同

5.1　畸零空间的动线

　　动线虽是行走的路线，但是在一个空间之中不可能处处相同，面面相接，所以在需要停止动线时，就要在适当的地方让动线停止。

　　让动线停止的因素最常见的就是在碰到畸零空间时，往往让动线无法到达需要停止的地方有许多，例如楼梯的下方，当无法到达这里就表明该是动线停止的时候了。

　　楼梯在一般的户型之中很少见到，有楼梯的户型要不就是面积较大的别墅、复式，要不就是面积比较小的loft公寓。虽然两者面积上差别不小，但是在楼梯的动线处理上大同小异。

左图：这种实木集成楼梯踏板一直是室内装修的首选，这种形式的楼梯设置会浪费较大的一片室内空间，所以常见于别墅或者大户型的复式楼里。这种踏步的设置一开始也是适用于室外台阶的一种形式，后来慢慢被室内设计师所采用。一般来说楼梯下方的空间是动线常常忽略的地方，所以这里的踏步设置的高度与长度是正常踏步的两倍，这个空间并不是给人走的，而是放置装饰品，或者读书休憩的地方。

右图：这种不锈钢焊接楼梯原本是室外或者是商业空间中常见的一种楼梯形式，后来因为 loft 公寓的兴起，所以室内空间也慢慢开始见到它的身影。楼梯分为单跑和双跑，单跑的楼梯下方的空间会留得比较富裕，但是因为人的惯性，所以一般这种楼梯下的空间如果没有特殊的设计，人的活动动线一般就会到此为止，将这个空间设计成衣帽间之后人在换衣的时候必须到这里来，动线也就随之跟随过来了。

相比于别墅的楼梯空间loft
公寓中的楼梯空间的实用程度更
高些，因为loft的面积本来就比较
小，所以室内的每个空间都必须
能够得到合理的利用才能让这个
小家住得舒适。

　　这其中楼梯的空间作用又
被分成两种，一种是储藏功能，
一种是操作功能。楼层比较矮的
楼梯空间就只能作为储藏功能使
用，这样动线也就到此为止了。
另一种就是将楼梯下原本空白的
空间开发出来，可以做衣帽间、
吧台等，将原本停滞在楼梯前的
动线引进来。两种楼梯空间功能
不同，动线也不同，但是却都得
到了合理的利用。

　　别墅或大户型中楼梯下的空间，可以当储物间也可以当吧台，当然如果想提
高观赏性最好的方式就是将楼梯下的空间装饰一番，可设计展示柜摆放业主的收藏
品、装饰品，或者运用造型吊灯，即可产生一个端景，为空间增添视觉美感，纯做
欣赏之用。

除此之外还有空间的转角处、家具摆放位置所形成的死角等，这些地方也是动线无法到达的地方，动线在此停止，但是功能不能放弃，如何利用好每个动线所忽略的畸零空间最考验设计师的能力。

左图：房间的拐角确实是一个非常不好利用的地方，一般这里也就是动线所停止的地方，在拐角处根据墙体安装一个定制的假壁炉，做装饰用，再在周围摆几把椅子，完美解决。当然值得注意的是并不是什么风格的房子都适合做壁炉，要视情况而定。

右图：拐角处做成定制的书架是一个绝妙的主意，安装书架或者储物架不仅增加了空间的利用率同时也将原本改停止的动线得以延长。

左图：原本的沙发背景墙常被忽略，做成储物架虽然动线依旧停止，但是功能不减。

右图：除此之外，桌子摆放的地方，通常也是动线停止的地方，而在桌上悬挂吊灯，让视觉有注意焦点，且行走到此就可避免撞到东西，具有动线到此停止的含义。

面对居高不下的房价，每个空间都寸土寸金，而常常被忽视的走道不仅浪费了大量的空间，同时更是让动线不够明快，借由空间配置的重新安排，将格局整个重新调动，就能让走道消失。

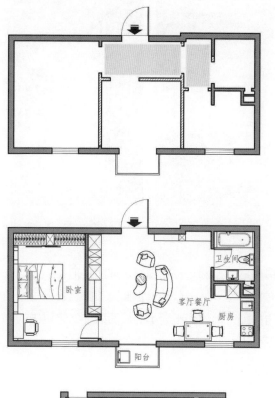

在这个不大的空间之中原本因为各种墙体的分隔，所以产生出了两条白白浪费空间的走道，因为房屋格局的设置导致这两条走道的采光都不好，常年处于黑暗之中。经过对房屋空间的修改，完全消除了走道，将原本狭窄、昏暗的走道变成了明亮、开阔的公共空间。被浪费的走道空间也得到了合理的利用。

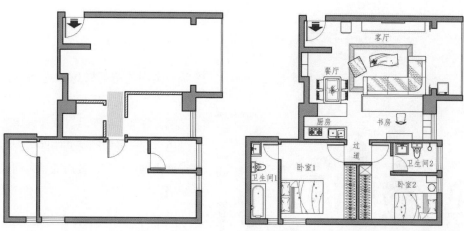

将原本的独立厨房和书房打通。做成开放式的格局，这样原本较长的的走道空间就被大大地缩短，而两者之间的动线连接也更加简洁。

当格局无法大改，就是会有不可避免的走道产生，借由赋予走道价值性，创造走道的功能与美感，增添走道的视觉焦点与使用机能，就不会浪费走道空间。

上图：如何为走道创造实用的功能性，例如可以将走道做成黑板墙与磁铁墙，就可以给小孩画画，也可用来贴便条纸、相片等，让走道不只是走道，还增添另一种机能。

除了赋予机能外，打造一个极具美感的走廊，也能创造走道的价值性。例如一个天花板非常高的走廊，可以将其做成造型，从门口一直延伸至顶部，连接整个走廊，打造出一个典雅复古的造型，再搭配上简约而不简单的墙面装饰，走过去的感觉有如穿梭于艺廊一般，赋予空间极高的品味。

挑高的空间做这种造型再适合不过，造型不用复杂，颜色不用花哨，装饰不用繁复，仅仅简单的颜色点缀在简单的空间中即可创造这种优雅、大气、复古的意大利式风格。

　　走道不仅仅是行走的动线，也是一个能够依据业主的要求赋予其实用功能的空间，例如可以为喜欢音乐的业主规划出一面专门展示乐器的墙面，为家庭主妇规划出一片收纳的空间。

　　除此之外还可以为喜爱收藏的业主创造一片专门展示业主收藏品的空间。

　　如果业主的艺术素养很高，而空间又足够宽敞，那么就可以将一条长走廊打造成一个极具美感的艺术走廊。首先，沿着门框做高的装饰，让整体具有挑高感，再搭配吊灯，走廊宛如艺廊，创造舒适美感氛围与视觉焦点。

5.2 | 增加空间　丰富功能

户 型 档 案	建筑面积：54m²
	居住成员：一位女士
	室内格局：客餐厅、厨房、卫生间、卧室、阳台、衣帽间
	主要建材：进口地砖、进口墙砖、马赛克砖、镜面玻璃、壁布、乳胶漆

平面设计提案

Before

- 厨房面积太小，无窗、无采光。

- 客厅餐厅面积比较大，如果不加以合理的利用，那么将会有较大的一片空白走廊，浪费了这个原本面积就不大的室内空间。虽然如此一来动线会比较灵活，但是实用性不够。

After

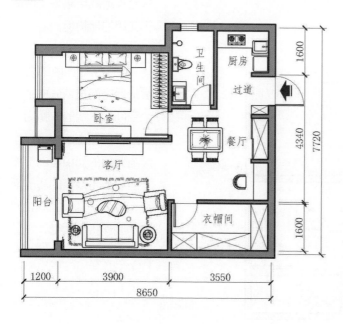

- 女业主的个人物品比较多，其中又以衣服和鞋子最多，所以想要一个衣帽间放置衣物。

- 作为一个事业型的女业主，有一个舒适的办公空间也是业主的要求。

A 共享空间

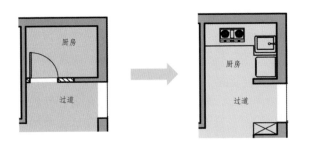

1．拆除厨房门洞以及门洞旁边的非承重墙，营造半开放式厨房，这样不仅能为厨房获取更多的采光，也能够更加方便人员在厨房内的工作。

B 增强储物

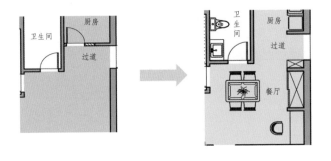

2．在距离入户处300mm和1820mm处新建两段长为600mm，厚度为120mm的墙体，并分别设置玄关柜和酒柜。如此一来虽然动线看上去比较拥挤，但是原本被浪费的过道空间大部分却都被合理地利用起来，做成了实用的储物柜。

C 变二为三

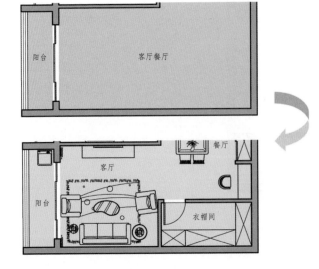

3．原本宽敞的两个客餐厅空间被划分成了三个空间，新增的衣帽间，满足了女业主的要求，客厅与餐厅的面积虽然都被压缩，但是该有的功能都没有缺失。几个空间之间的动线连接更紧密，走道空间大幅降低。

1. 将原本空旷的走廊空间规划成储物间、书桌、衣帽间之后，被浪费的空间就大大缩小了。虽然相应的餐厅空间与行走动线都被压缩了，但是就总的来说整个空间的利用率提高了。

2. 由于房间的面积不是很大，衣帽间的墙体采用了镜面玻璃做装饰，镜面玻璃的反射能够在视觉上让空间得到扩大，但是这种装修方式不适合家中有小孩的家庭。

3. 公共的办公空间，玻璃马赛克与镜面装饰让整个空间亮晶晶的，透露出都市的气息。

5.3 | 空间开放 创造格局

户型档案		
	建筑面积：66m²	
	居住成员：一对夫妻、一对儿女	
	室内格局：客餐厅、厨房、卫生间、卧室、阳台、书房	
	主要建材：地砖、墙砖、实木地板、烤漆板、装饰线条	

平面设计提案

<u>Before</u>

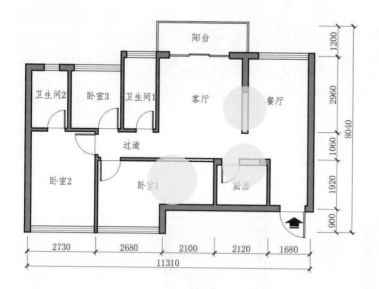

- 一堵实墙将客厅与餐厅两个空间完全分开，虽然两个空间都朝向南，采光非常好，但是两个被分隔开的空间都不是很大，同时分隔之中虽然让动线更明晰，但是走道却占了较多的位置。

<u>After</u>

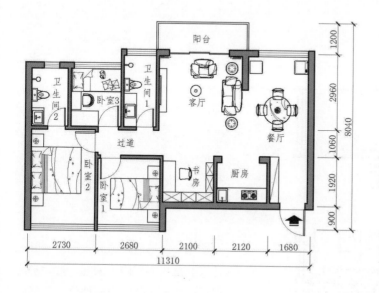

- 厨房的空间不是很大，并且离餐厅也比较远，可以采用合理的形式让两者之间的动线连接更紧密一些。

- 卧室 1 的面积非常大，但是是不好的手枪型，可以考虑一下重新划分区域。

A 空间纳入

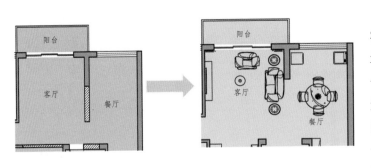

1. 拆除一半客厅与餐厅之间的墙体，将原本的两个完全分开的空间进行合并，半开放的空间不仅利用了一部分原本被浪费的走道空间，同时这种格局也让原本死板的动线变得灵动活泼起来。

B 开放厨房

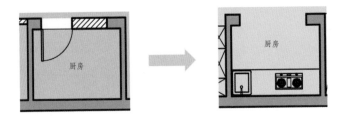

C 变一为二

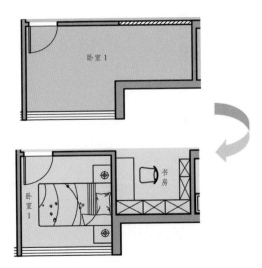

2. 拆除厨房靠近客餐厅一侧的墙体，左侧仅留下长度为200mm的墙体，右侧仅留下长度为300mm的墙体。厨房内设置一字形橱柜，以最合适的方式进行厨房内的存储工作，开放式的厨房也能将餐厨两者之间的动线大幅度缩短。

3. 以卧室1窗户右侧的墙体为准新砌一道墙体，将原本的一间卧室分成卧室和书房两个空间。拆除书房靠近客餐厅一侧的全部墙体，包括门洞，使整个书房与客餐厅相通。客厅内采光范围可以扩充至书房，为书房内阅读、学习工作提供更好的照明。

左图：将原本完全分开的客餐厅空间打通之后，这个不大的空间就显得通透了许多，加上两个大大的落地窗，这套小房子看上去感觉并不止 66m²。原本两者之间因为实墙而显得呆板的动线如此一来也变得灵动自由了。

左图：厨房虽然没有采用U形或L形的橱柜，但是I形的橱柜也很适合这样的方方正正但面积不够大的厨房。这种形式的厨房有利于存储物品，同时也不会使厨房过于拥挤，整个厨房空间的动线也会显得比较整洁。

左图：将原本的餐厅、客厅空间合并之后，再加上将原本的卧室的一部分空间改成了开放式书房，这使得原本狭长的过道空间变成了可利用的公共空间。

5.4 空间开通 增加分区

户	建筑面积：78m²
型	居住成员：一对夫妻、一个女儿
档	室内格局：客餐厅、厨房、卫生间、卧室、阳台、书房
案	主要建材：条纹地砖、马赛克室外墙砖、复合木地板、壁布

平面设计提案

Before

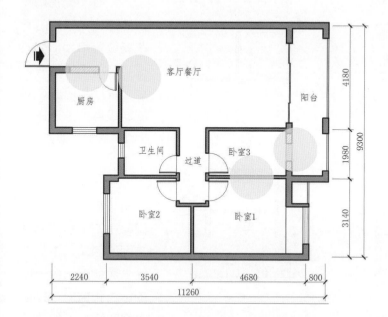

- 厨房与餐厅之间的动线连接并不紧密，并且平开门配这种小户型的厨房也完全不合适。

- 开放式餐厅的面积不小，可以考虑下如何能够让这块空间得到完美的利用。

After

- 卧室3的面积不大，作为卧室空间来说显得有些狭窄。

A 开放厨房

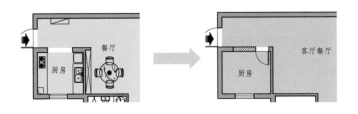

B 空间结合

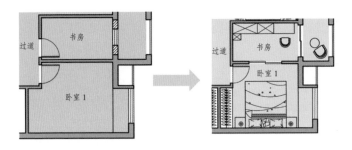

C 增强储物

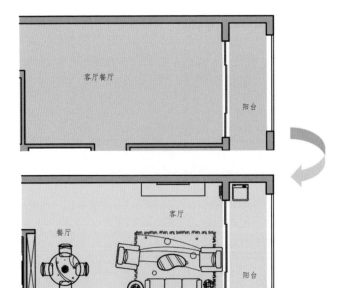

1. 拆除厨房门洞旁的墙体，新建门洞改变位置和大小。做成半开放式的厨房之后，餐厅与厨房之间的动线连接少了许多羁绊，顺畅了很多。

2. 封闭原书房的门洞，将更改之后的门洞开在书房与卧室1之间的墙体正中，拆除书房靠近阳台一侧的墙体和窗户，打通书房和阳台。如此一来书房就成了主卧的附带空间，从主卧到书房的动线也简化到最简。将书房与阳台打通之后，整个房子的动线都变得丰富自由起来。

3. 在餐厅一侧砌一道墙并定做一个酒柜，增强储物空间。

左图：将原本的空白墙壁做成一个巨大的定制酒柜，可以摆放下业主所收藏的所有酒，大大地增加了收纳的空间。

左图：将原本的书房的实体墙打掉，然后改成门之后，不仅增加了书房的采光，同时也让书房的功能走出去，扩展到了阳台上。更是让私密空间和公共空间完全分开，客人可直接从客厅到书房，不用再绕道私密空间进入了。

左图：厨房改成开放式的能够让空间更流通，动线更简便。卫生间做干湿分离更干净卫生，便于清理。

5.5 | 改变隔断 提亮空间

户型档案	
建筑面积：58m^2	
居住成员：一对夫妻、一个女儿	
室内格局：客餐厅、厨房、卫生间、卧室、阳台	
主要建材：墙布、成品墙板、仿木纹玻化砖、石材。	

平面设计提案

Before

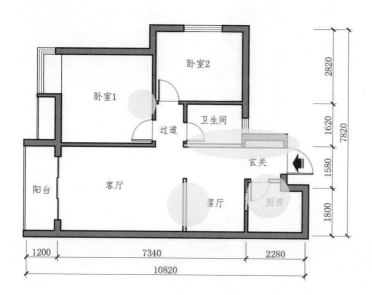

- 进门的过道空间比较窄，放置玄关柜之后原本就狭窄的过道空间会显得更加局促。

- 这间厨房有许多缺点，例如面积不大，但这不是重点，重点是这间小厨房内没有窗户、没有采光，与厨房之间的动线连接又比较繁复。

After

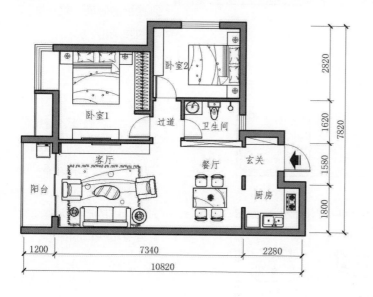

- 厨房没有采光也就罢了，因为要将餐厅与客厅分隔开来，所以竖起的一道实墙将原本就不大的空间分成两份，而餐厅因为墙体的遮挡无法照射到阳光。

A 开放空间

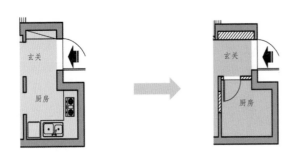

1．拆除厨房靠近餐厅一侧的部分墙体，为厨房预留出宽度为700mm的门洞，连接厨房和餐厅，但并不安装门，只装饰门套，以此扩大厨房采光，提高厨房亮度。使厨房与餐厅之间的动线连接更紧密。

B 增强储物

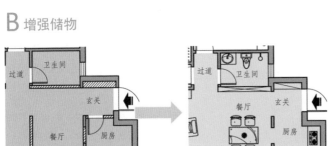

2．将入户门右侧的墙体做成深度400mm的一体式玄关柜。将餐厅与卫生间之间的墙体打通，以橱柜做隔断，做一块定制的展示柜。

C 客餐一体

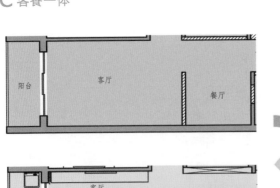

3．拆除原本客厅与餐厅之间的隔墙，使客厅的阳光照射进餐厅与厨房之中。如此一来厨房—餐厅—客厅在一条动线上，方便简洁的动线为整个家庭带来不一样的律动。

左图：厨房与餐厅之间采用的是半开放的方式，将原本厨房与餐厅之间的一部分墙体拆除改成门洞，让这两个区域之间的动线更加紧密相连。

右图：将原本餐厅旁边的墙体改成嵌入式陈列柜，展示业主的私人收藏品与美酒，让次动线与主动线相互交叉，互通有无。

上图：客厅与餐厅之间的空间完全通透，吊顶设计统一，具有开阔的空间感与流畅的动线。

5.6 | 摒除门洞　创造格局

户	建筑面积：58m²
型	居住成员：一对夫妻、一个儿子
档	室内格局：客餐厅、厨房、卫生间、卧室、阳台
案	主要建材：复合木地板、乳胶漆、纤维板、防滑地砖、石膏板

平面设计提案

<u>Before</u>

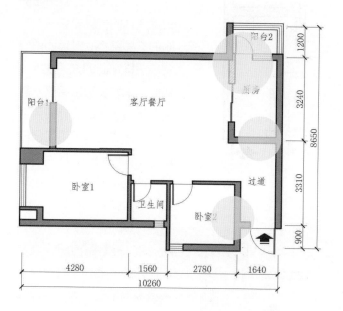

- 这套房子的入户过道是必须要存在的，消弭不了的走道就要对其进行合理的利用。

- 厨房的面积相对于同等户型的房子来说其实不小了，并且这个阳台的位置也十分理想，但是业主却希望能够尽可能地让这片公共区域看起来大一些，所以这两块地方还可以得到更好的规划。

<u>After</u>

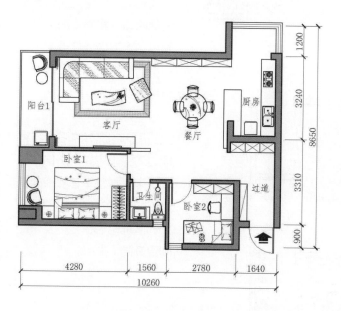

- 阳台与客厅之间的门洞较窄，客厅光线来源就是阳台，这种处理方式会让整个客餐厅显得昏暗。

A 玄关储物

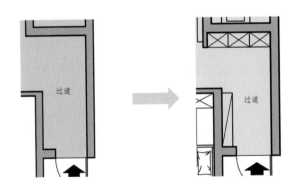

1. 在入户过道的左侧根据墙体的位置安装一个定制的玄关鞋柜，过道的前端安装一排定制的玄关衣柜。如此一来，就可以将原本需要在卧室内做的工作转移到玄关处来完成，缩短了出门准备工作的动线，同时过道的这两处柜子也分担了卧室的一部分储物功能。

B 厨房放大

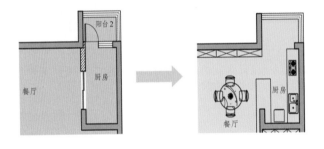

2. 拆除厨房门洞以及门洞两边的墙体，在餐厅处设置满墙酒柜，为住宅提供更多的存储空间，同时厨房开放式的格局也能使内部空间更明亮。将原本的阳台空间也纳入室内，使得原本就不小的厨房空间更宽阔。动线也更多样化。

C 引光入户

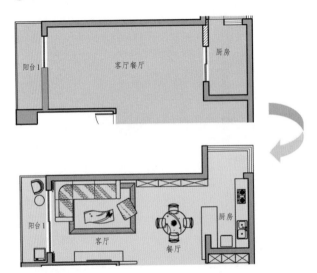

3. 将原本的阳台与客厅之间的小门扩大一倍，如此一来这样整个客餐厅的采光就变得非常好，同时这种大的落地门也会显得整个空间更开阔。

左图：将原本阳台的单扇平开门改成双扇推拉门之后原本拥挤的客厅看起来陡然大了一倍，同时整个房间的采光也得到改善了。将阳台种满绿植，从客厅向外看，似乎整个房间处于花园之中。

左图：入口的走廊需要加以合理的利用，靠门的玄关柜作鞋柜使用，玄关走廊尽头的玄关柜作为衣柜使用，如此一来穿衣换鞋的工作在玄关就能完成，这样不仅增强了玄关的功能，同时也优化了动线。

左图：将厨房改成开放式厨房之后，这个原本狭小的公共空间就变得宽敞起来。餐厨一体的模式让两个空间之间的动线变得更加紧密。

5.7 | 巧拆墙体 拓展空间

户	建筑面积：$51m^2$
型	居住成员：一对夫妻、一个儿子
档	室内格局：客厅、餐厨、卫生间、卧室、阳台、书房
案	主要建材：防滑地板、墙砖、乳胶漆、壁布、有机玻璃

平面设计提案

Before

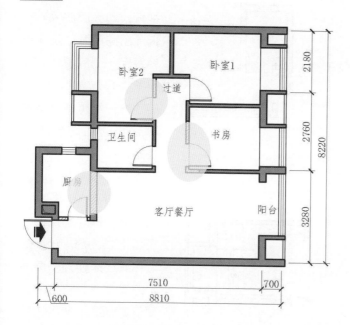

- 厨房的空间大小相对于整个房间的面积来说不是很小，但是厨房与餐厅之间的动线并不是直接到达的，所以厨房门的朝向可以做适当调整，或者是改变厨房的模式。

After

- 书房原本是作为卧室空间使用的，所以面积不是很小。业主家庭对于这间房的功能赋予是什么并没有做太深的考虑，但卧室是满足需求的，所以就没必要再添一间卧室。

- 卧室2作为一个长方形空间如果家具的位置摆放得正确的话就能对空间进行合理的利用，相反，如果设计得不好，那么就会浪费一部分本就珍贵的空间。

A 开放厨房

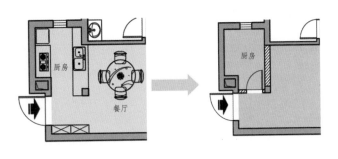

B 共享书房

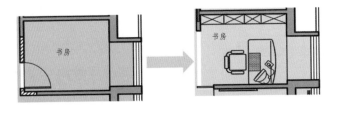

C 空间重构

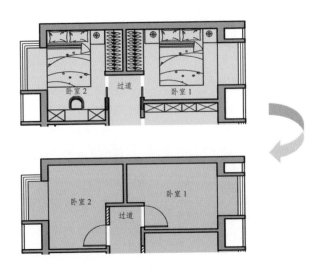

1．为了改善厨房的视野，增大厨房采光，拆除厨房门洞以及靠近客餐厅一侧的墙体，仅留下边长均为240mm的正方形承重柱。使餐厨之间的动线更方便快捷。

2．拆除书房门洞及门洞周边的非承重墙，仅留下长为500mm的墙体，一来作为书房书柜的支撑，二来也为了便于安装卧室1处的内嵌式推拉门。开放式的书房空间能够让动线更灵活、多变。

3．拆除卧室2靠近过道处的纵向墙体，改变卧室2门洞的位置，卧室2新设立的门洞宽度为800mm，门洞与卧室1的门洞相对，并在此处安装长度为800mm，厚度为40mm的嵌入式推拉门。如此一来原本被平开门浪费的空间就被利用起来了。

上图：将原本的独立式厨房与餐厅之间的隔阂打掉，将厨房做成半开放式的空间，使餐厨两者之间的动线联系更密切，也使原本昏暗的厨房空间变得明亮起来。

左图：客厅电视背景墙延伸出去的一部分采用玻璃隔断制作，透过玻璃隔断，可以清晰地看到书房的场景，室内的视野不会受到实墙的阻碍，书房的亮度也能有所提高。开放式的书房让动线更加顺畅。

左图：将原本的平开门的位置更改，调整后能够做成一整面的储物柜，增加了储物空间。

第 6 章

视觉兼顾宽敞度 弹性空间

6.1 │ 空间与尺度

6.1.1 洄游动线

虽然直线动线行走明快、节省空间，但有时反而失去空间的变化与趣味性。若有些空间格局的特性能够规划出"洄游动线"，就能为空间创造不再单一的动线，让行走路线从这边可以通、从那边也可以通，为生活带来充满变化的乐趣。

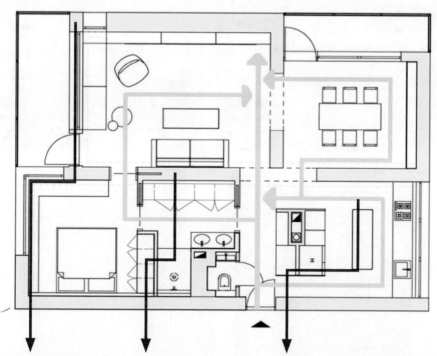

这是一个非常典型框架结构房屋，没有剪力墙的阻挡，将部分墙面重砌或拆除，结合环装动线串联各个空间，提供一个自由灵活的舒适生活空间。

洄游动线并不是所有房屋结构都能适用，相比于框剪结构的房屋，框架结构的房屋更适合做洄游动线，因为没有剪力墙的阻挡，洄游动线的设置更多样、更自由。

围绕着一条主动线，三个环绕的次动线将房屋的各个空间进行了连接。入户的全开放式厨房是创造洄游动线的最好选择，从厨房出来环绕着餐厅的洄游动线又将人带入到主动线上。与主动线右侧的公共空间不同，左侧则是私密空间，一条洄游动线将衣帽间、卧室与客厅紧紧相连，之后又回到主动线上。

6.1.2　视觉宽敞度

　　不论是洄游动线还是普通的动线设计，动线规划必须兼顾视觉的宽敞度，才能住得很舒服。要想营造视觉上的宽敞度，其中常见的一种做法是将属性相同的空间整合在一起，这就是整合动线，同时这也就是兼顾视觉宽敞度的不二法门。

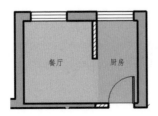 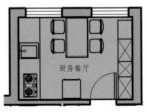

　　例如可以把餐厅、厨房连接在一起，做成餐厨空间，让餐厅厨房之间没有太明显的界限，两个空间的动线共享，使得空间更加宽敞。

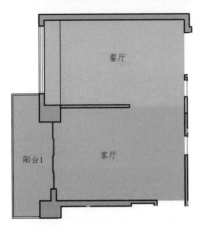 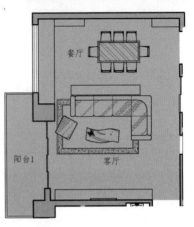

　　餐厅与客厅连接在一起，做成客餐厅一体的空间，或是半开放的客餐厅，让两个空间合并成一个大空间，使动线更加灵活。

　　包含弹性空间的书房，也可以跟客厅及餐厅整合在一起，例如可以将原本封闭的书房空间做成开放式的书房置于客厅后面，也可以将客厅餐厅空间合并，使动线相结合。

　　1. 书房与客厅以半高隔板作为分界，书房靠半高搁板这一侧可以当书桌或储物柜，客厅靠半高搁板一侧可以安置沙发，半高隔板充当背景墙。如此一来这两个空间动线虽不相通，但是空间却相融。

　　2. 将原本楚河汉界分得清楚的餐厅与厨房空间合并，多宝阁可以摆放酒水也可以充当书架，两个空间的合并同时为这个空间带来更多的生活机能、视觉宽敞度与明快动线。

　　3. 书房与衣帽间都是占地不大的空间，所以如果空间足够可以将这两个空间进行合并，如此一来两个空间共用一条动线，简洁方便。

6.1.3 尺度与空间

人体工程学是研究人体尺度，使人的行动更具生产力、安全、舒适的一门学科。虽然人体工程学规定了一定的尺度，但是人是活的，人体工程学存在的目的就是服务于人，为人找寻更舒适的尺寸，因此在规划动线时，要考虑到人的动作的需求，所以人因工学的尺寸并不是死板的，而是要因人而异。

一般人体的宽度在400 mm~500 mm之间，女子一般为430 mm左右，男子一般为520 mm左右，所以走道的宽度最低为1000 mm，若是业主家中有人比较胖，那么最低宽度得达到1200mm。除此之外，还要顾及这个动线的使用习惯，例如一个走道1000 mm，一个人通过可以，但是如果这个通道常常是需要两个人交错而走，那么1000 mm的宽度相对来说就比较拥挤，这时1200mm或是1600mm的宽度才正合适。

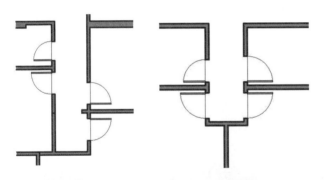

左图：门的位置相互错开，较为宽松，如果家庭成员不是很胖，走道宽度为1000 mm即可。

右图：门的位置若是集中在一起，比较拥挤，走道宽度就需要到1200mm，这样行走起来才比较舒适。

宽敞的走道空间

狭窄的走道空间

除了室内空间之外，家具也有尺度的影响，例如沙发的深度一般为600mm，沙发的长度一般根据座位的多少决定，二人沙发长度一般在1570mm～1720mm之间，三人沙发一般在2280mm～2440mm之间，多人沙发会更长。同时不同的装修风格家具的尺寸也会受到一定的影响，例如美式风格与北欧风格的同一家具尺寸就相差甚远。

因此在设计初期，即使是不去改墙、改门，仅仅是运用家具的配置。也会影响到空间的动线。首先，做好家具的配置，就是要充分了解空间所需家具的尺寸规格，家具的过大或过小都会造成动线的不便；其次，有些格局的家具配置如果按照一般常见的方式摆放，就会使得整个空间的动线不顺畅，这就需要设计者突破既定的摆放思维，灵活的运用家具的配合，才能创造既畅快又好用的动线。

这套房子的面积不大，一些规格较大的家具非常不适合摆放在家中，例如图中的沙发、茶几与餐桌，这些家具的规格一看就是奢华的美式风格家具，比较适合大户型使用，小户型一般不推荐。

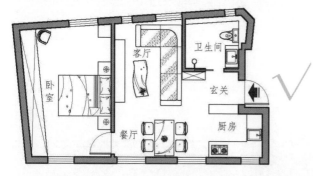

小户型有属于自己的风格，例如北欧风、日式风格等，这些风格的家具尺寸一般较小适合小户型的家庭使用。

选对了家具的尺寸才能正确地掌握室内空间的动线设置，例如上图中的错误示范，因为家具的尺寸选择不对，所以整个公共空间的动线显得拥挤、凌乱、无序。经过改良后的空间，因为家具的选择，所以使得整个空间先看起来大气、宽敞，完全没有小家子气，同时整个空间的动线也显得十分流畅、明朗。

选对了家具的尺寸、家具的摆放也能够创造出变化多端的动线。例如在同一个户型之中，在前面是客厅、后面是餐厅的这样一个环境之中，若是按照一般的摆放形式，动线的行进方式就会十分常规、单调，但是如果改变一下家具的尺寸及摆放方式，如此一来无论在哪个位置，出入都变得方便起来。

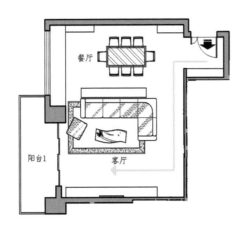

Before

传统的沙发摆放方式，搭配上茶几与边柜的摆放，导致这个大空间中只有一条动线到达沙发最里边的位置，动线的行进方式不足。

After

更改家具的摆放位置之后，可以活动的空间变大了，而且动线的行进方式也变得多样化了，如此一来不论坐在哪个位置都能够自如地进出。

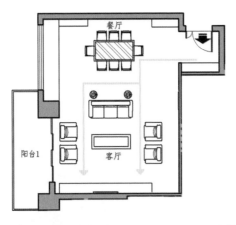

传统的空间动线

灵活的空间动线

6.2 | 以分为合 增加功能

户 型 档 案	建筑面积：111m²
	居住成员：一对夫妻、一双儿女
	室内格局：客厅、餐厅、厨房、卫生间、卧室、阳台、衣帽间
	主要建材：地砖、乳胶漆、实木地板、进口墙布、大理石面板

平面设计提案

<u>Before</u>

- 对于这种狭长的厨房，不适合选择平开门，由于空间比较狭小，再为平开门留有一定的空间，空间就会更加局促。

- 卫生间的面积比较充足，如果面积比较小就无所谓，但是如果面积足够的话，可以考虑做干湿分离。

<u>After</u>

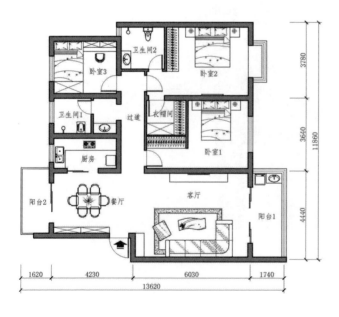

- 卧室1的空间比较大，因此在家具的选择上可以舒展一点，否则会让整个空间过于空旷，或者可以将这个空间重新分隔利用。

- 卧室2作为主卧来说面积刚好合适，但是空间不是完整的正方形，突出的一块要么作为独立空间使用，要么可以更改开门方向。

A 增强储物

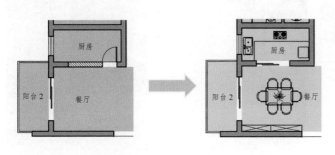

B 增强储物

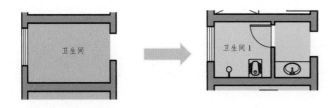

C 增强储物

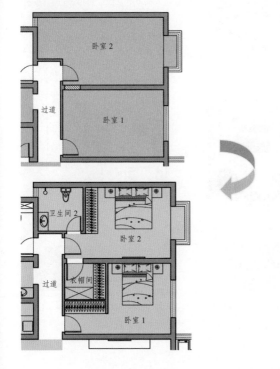

1．拆除厨房靠近餐厅一侧的墙体，仅在左侧留下长为700mm的墙体，并拆除门洞，新建宽为1600mm的门洞，安装两扇长为800mm，厚度为40mm的玻璃推拉门。

2．拆除卫生间门洞，在合适的位置新建墙体，设立干湿分区。在淋浴区设置宽为700mm的门洞，并安装单扇推拉门，保护日常隐私，方便使用。

3．在卧室2内新建墙体，设立新的分区，作为卫生间，新建墙体长度为2220mm。

4．拆除卧室1与卧室2共用墙体的一部分，并在此处设立新门洞，在卧室1内新建墙体，建造新的分区，作为衣帽间进行使用。

左图：将原本的平开门改成推拉门之后，厨房内的可用空间变大了，餐厨之间的动线连接也非常顺畅。

中图：将卫生间做成干湿分离的形式，早起的活动动线就不会冲突。

右图：卫生间内安装淋浴间，不仅卫生而且冬日沐浴也会温暖些。

上图：大面积的纯色能够给人一种很洁净的感觉，客厅内无论是沙发还是抱枕都采用了比较纯粹的色彩，墙面粉刷色也是如此，十分引人注目。开阔的空间让动线更流畅顺达。

6.3 | 移门换门 节省空间

户型档案	
建筑面积：78m²	
居住成员：一对夫妻、一对双胞胎	
室内格局：客厅、餐厅、厨房、卫生间、卧室、阳台、衣帽间	
主要建材：实木地板、乳胶漆、做装饰线条、纤维板、复古墙砖	

平面设计提案

Before

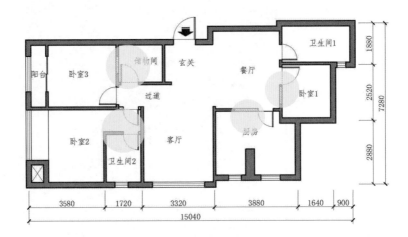

After

- 储物间的面积相对于这个房间的总体面积来说不算小，所以可以根据情况加以合理的利用，值得注意的是储物间没有窗户，采光不好。
- 卧室2的面积不大，不是主卧，带有一个单独的卫生间，而这个卫生间的门的朝向与卧室2的门的朝向刚好相对，如此一来就显得有些冲突。
- 厨房的面积非常大，因此这种平开门就不是非常适用。
- 卧室1的门洞位置刚好开在餐厅的对面，如此一来餐厅的家具摆放就势必要受到一定的限制，因此可以考虑变换门洞的方位或是其他手段。

A 职能变换

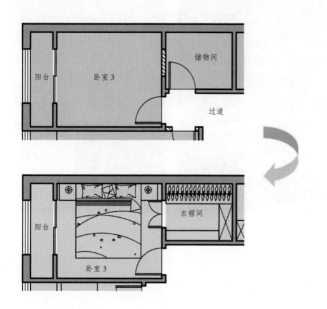

B 变私为公

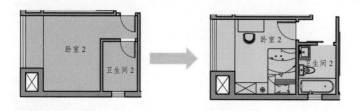

C 门洞更改

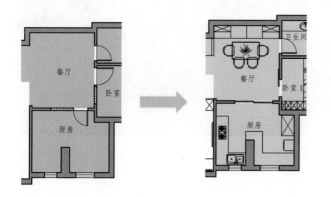

1. 将储物间的开门方向更改至朝向卧室3这一侧，将储物间纳入卧室3中，将储物间的功能更改成衣帽间。

2. 拆除原本卧室2的门洞，将门洞更改至卫生间与卧室2之间相隔的墙体一侧，将原本属于卧室2的卫生间改成公共卫生间，并将原本的平开门换成推拉门。

3. 拆除厨房门洞旁墙体，改平开门为两扇长为900mm的移门，在视觉上扩大厨房空间和采光。

4. 拆除卧室1门洞旁的非承重墙，移动门洞位置至靠近厨房一侧，安装单扇玻璃移门。

左图：将原本独立的储物间更改成卧室的附属衣帽间，使得早起更衣的动线变得简单起来。赋予空间不同的功能，能够更合理地掌握动线的规划。

中图：餐厅选择卡座的形式好处是使用起来舒服美观，但是要注意对家具尺寸的掌握。

右图：入户的玄关做了超级大的一面储物墙，如此一来不仅使得进出的动线变得更高效，同时有超强的收纳功能，也不会让室内显得凌乱。

上图：厨房的空间比较大，但是中间的一堵墙让这个宽敞的空间一分为二，如此就可顺势将厨房分为中厨和西厨，早餐在西厨完成，在吧台享用，晚餐在中厨完成餐厅享用，动线分布非常清楚。

6.4 | 修整墙体　改善内部

户型档案	建筑面积：62m²
	居住成员：一对夫妻
	室内格局：客餐厅、厨房、卫生间、卧室、书房、衣帽间
	主要建材：实木地板、乳胶漆、清水混凝土、进口墙砖、装饰黑板

平面设计提案

<u>Before</u>

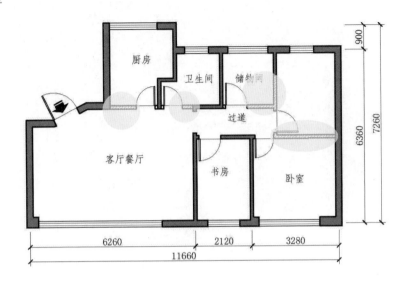

<u>After</u>

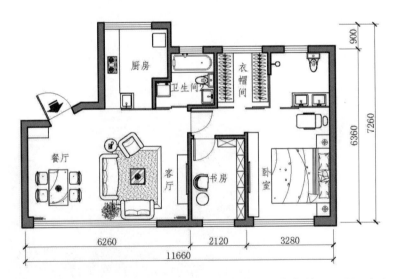

- 厨房的面积非常大，采光也很好，对于这种面积的厨房来说，用平开门还是推拉门都无所谓，主要是看房屋的整体装修风格以及业主的个人喜好。
- 因为这一家夫妻是丁克家庭，所以房间的设置上就不需要为以后考虑太多。房屋的后半部分有四个独立空间，对于业主来说稍显多余，可以重新进行规划，将所有的空间进行最合理的设置。

A 视觉通畅

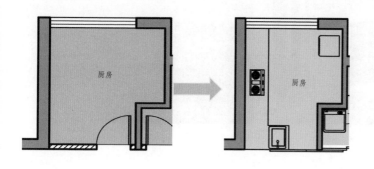

1. 拆除厨房门洞周边非承重墙，拆除门洞，改变厨房开门方式，安装通透性更好，开合更省空间的推拉门，营造明亮的烹饪环境。虽然没有调整动线，但是视觉上会觉得更宽敞、通透。

B 动线畅通

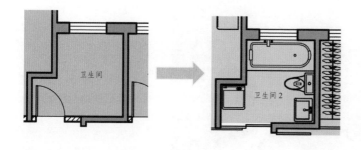

2. 拆除卫生间门洞，和厨房一样安装更具有特色的双扇移门，增加卫生间内部空间，使动线更流畅。

C 动静分明

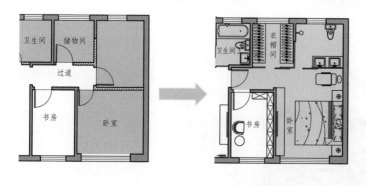

3. 将原本的两间卧室合二为一，将房屋的后半部分全部划分在私密空间中，让卫生间、书房、衣帽间全部做主卧的附属空间，动静分区明白，两者之间的动线划分清楚。

上图：厨房采用整体式的玻璃推拉门，如此一来不仅能够做到很好的隔烟效果，也让客厅、厨房的空间更明亮。做西餐时可以将推拉门完全打开，直接在吧台享用，两种动线选择，舒适、安心、畅快。

左图：这套房子营造的视觉宽敞度简直就是典范，在这个公共空间中，尺寸合理的家具加上别出心裁的摆设方式以及对采光的利用，让整个空间显得宽敞而不空旷。每个角落都有动线能够直接到达，室内没有过多的装饰，仅有的点缀装饰画颜色也非常亮眼，堪称艺术。

左图：将房屋的后半部分直接营造成完全封闭的私密空间是一个大胆的做法，原本多余的空间被改造之后都服务于主卧空间，让业主的生活动线变得更高效、顺畅。

6.5 | 分区减少 住宅优化

户型档案		
	建筑面积：$100m^2$	
	居住成员：一对夫妻、一个女孩	
	室内格局：厨房、餐厅、客厅、卫生间、卧室、书房、视听室	
	主要建材：实木地板、乳胶漆、进口壁纸、防滑地砖、纤维板、装饰线条	

平面设计提案

Before

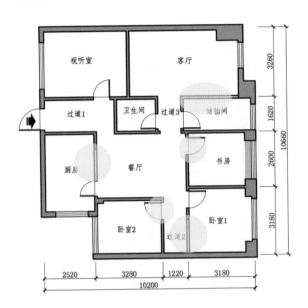

- 宽敞的厨房可以根据它的优势做成U形厨房，但是厨房门的位置却有些微的阻挡，并且厨房门的位置与餐厅之间的连接显得有些生硬。

- 储物间的位置设置在整个动线上显得有些突兀，单独的储物间不附属于任何空间，不论与哪个空间连接，动线设置都会不合理。

After

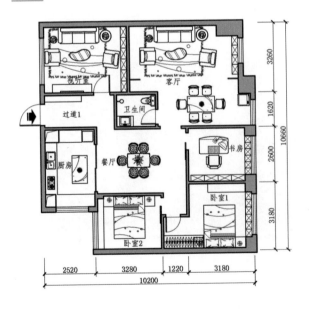

- 卧室1与卧室2之间的走道浪费了太多空间，走道的尽头没有房间的门洞，所以尽头的部分空地一般不会有人专门走过去，如此一来不仅浪费空间，动线的设置也显得非常不合理。

A 空间流通

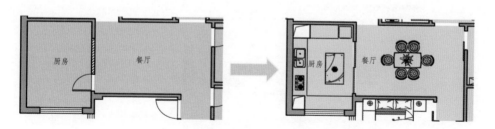

　　拆除厨房靠餐厅的一部分墙体，只留下安装定制橱柜的宽度，将原本的平开门改成推拉门，增强餐厨之间的动线联系。

B 合二为一

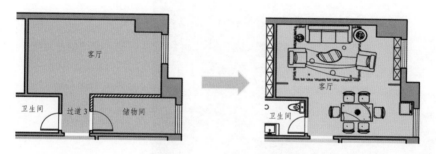

　　拆除储物间墙体，将储物间更改为兼具餐厅和休闲功能的新分区，同时也能有效地扩大客厅通风和采光，创造更明亮的室内环境。使原本因走道狭窄而拘束的动线变得自由活跃起来。

C 变废为宝

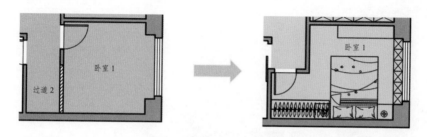

　　拆除卧室1与过道2之间的部分墙体，将原本多余的过道空间纳入卧室空间之中，如此一来，原本浪费的过道空间就可以放得下一个定制的衣柜，增强了储物空间。

左图：U形中岛厨房的设计能使烹饪过程中行进的动线距离降到最低，同时中岛厨房中间的这个台子也是一个多功能台，不仅能够当操作台，也能够做备餐柜。还能够当餐桌，特别是对于餐厅与厨房之间有一段距离的空间来说，在餐台上用餐方便快捷。

左图：视听室一般也被当作会客厅使用，设计在入户门口处的视听室很好地将动区的功能集中在此处，保证后方的私密空间不被打扰。视听室的家具摆放非常规矩，款式的选择也相对朴素。

左图：客厅与小餐厅之间的摆放就与视听室不同，这里的家具摆放显得随意、舒适得多，尺寸适宜的家具、加上颇有新意的摆放方式，让这个空间显得更宽敞，动线也更加流畅。

6.6 | 重画布局　改变格局

户型档案	建筑面积：40m²
	居住成员：新婚夫妇
	室内格局：餐厨、客厅、卫生间、卧室
	主要建材：复合地板、防滑地砖、墙砖、纤维板、乳胶漆

平面设计提案

Before

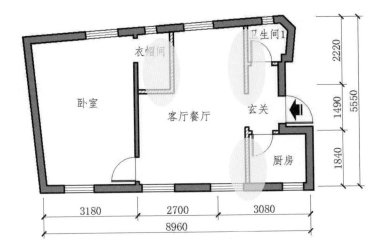

After

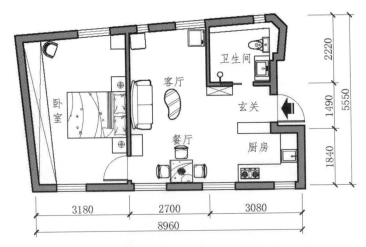

- 这个空间本就是一个异形的空间，在卧室与客餐厅之间设置的这个衣帽间将原本就不大的客餐厅空间更是切割的乱七八糟，并且卧室的面积相对来说并不小，所以没有必要非得设置一个浪费空间的衣帽间。
- 玄关墙的设置，虽然让室内有了隐私，但是却没考虑到狭小的卫生间。
- 对于面积不大的空间来说，没有必要非要将餐厨分开，况且这个厨房门正对卫生间门，两者之间的空气碰撞会产生对人身体不好的气体。

A 化繁为简

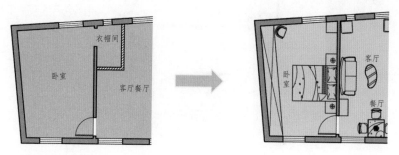

　　拆除衣帽间两侧墙体，将其并入客厅中，以此扩大客厅面积，增强客厅采光和通风，营造更明亮的客厅环境。

B 以小见大

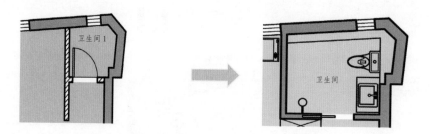

　　拆除卫生间1纵向方向上的墙体，扩大卫生间的面积，将其横向长度增至2340mm，纵向长度增至1960mm，便于日常洗漱工作的进行。

C 开放空间

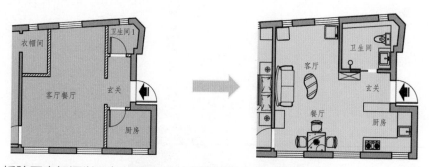

　　拆除厨房门洞以及与门洞垂直的纵向墙体，建立开放式厨房，在门洞处设立吧台，吧台兼具用餐与储物功能，同时也具备比较好的观赏性。

1. 将原本的玄关墙拆除，扩大卫生间的使用面积，以定制的矮柜顶替玄关的作用。厨房与卫生间之间以玻璃隔断相分开，让两边的空气不会产生直接接触，化解了厨房与卫生间直对的尴尬。

2. 将原本多余的衣帽间拆除之后，客厅的空间就显得宽敞起来，因为户型面积比较小，所以装修选择的是北欧风，家具的尺寸相对也小巧一点，餐厅的功能被弱化，为的是能够让房屋内的动线显得更自由、流畅。

3. 衣帽间被拆除，但是职能却没有消失，取而代之的是一整面墙的衣柜，采用定制衣柜，能够让这个原本异形的卧室空间被修正成正常形态，同时大面积的衣柜储物功能完全不输单独衣帽间。

6.7 | 以形补形　更改结构

户型档案	建筑面积：*52m*²
	居住成员：独身男士
	室内格局：厨房、书房、餐厅、卧室、客厅、卫生间
	主要建材：复合地板、胶合板、乳胶漆、壁布

平面设计提案

Before

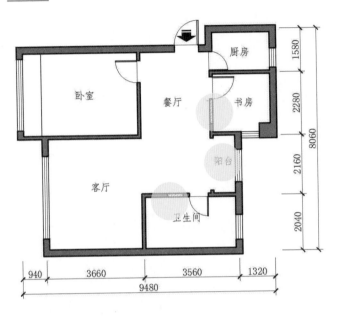

- 餐厅没有单独的空间或是太明显的界限，餐厅与走道空间交叠，若是将餐厅摆上餐桌之后餐厅与书房两个空间的夹击之下，行走的动线就显得有些窘迫。

- 阳台在书房与卫生间之间，这个方向的阳台的采光明显会比较差，加上位置的原因，在此处设置阳台会白白浪费本就不大的室内空间。

- 卫生间的面积相对于这个户型来说面积还是比较大的，光做卫生间使用莫名觉得有些浪费。

After

A 空间开放

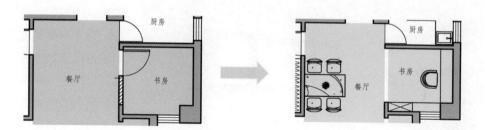

　　拆除书房门洞和门洞一侧的墙体，仅留下长为300mm的承重墙，作为空间隔断和书柜侧面的支撑体。

B 变废为宝

　　将阳台改为储物间，新建墙体，留出宽度为800mm的门洞，安装单扇推拉门，更高效地利用空间。

C 更改结构

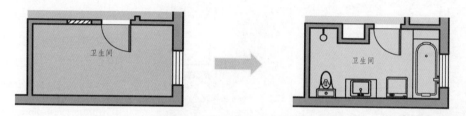

　　拆除卫生间靠近餐厅一侧的墙体，拆除墙体长度为580mm，在拆除区域新建内凹空间，内凹空间深度为400mm，此处可放置储物柜或其他家具，以此来改变卫生间狭长的结构。

1. 客厅落地窗几乎布满了整面墙，窗帘以透光的纱质为主。客厅的家具色调也适合以浅色为主，这样也能使小户型更显整洁、大气。除了沙发其他家具皆选择简单的样式，让整个空间的动线无论到哪里都畅通无阻。

2. 餐桌餐椅的款式选择也不会太豪华，颜色与客厅的天花板颜色相应，简单的款式不会占用太多宝贵的空间，尽量将富裕的空间留给动线安排。

3. 原本封闭的书房被做成开放式，一是为了能够更好地采光，还有就是为了能够让狭窄的餐厅与书房空间相通，让两者都在视觉上显得宽敞一些。同时也使书房的动线更简洁、明快、便利。